高等职业教育电子信息课程群系列教材

Python 程序设计实践教程

主　编　王鹤琴　蔡正保

副主编　穆红涛　李京文　朱珍元　张俊宁

芮素文　张林静

中国水利水电出版社

www.waterpub.com.cn

·北京·

内 容 提 要

  本书采用理论与实践相结合的教学方式,通俗易懂、图文并茂。从项目开发环境搭建入手,主要讲解项目开发环境搭建、Python 语法基础、程序控制结构、Python 序列类型、字符串、函数、面向对象程序设计、文件处理、异常处理、常用的标准库和第三方库、图形用户界面编程和数据库编程知识,并将项目分解为阶段性任务,便于学生理解和教师教学。

  本书适合作为高等职业学校计算机、人工智能、信息管理、电子商务等专业的教学用书,同时也适合作为其他相关专业的选修课程教材。本书提供微课视频,并配套程序源代码、教学课件和习题答案。

图书在版编目（ＣＩＰ）数据

Python程序设计实践教程 / 王鹤琴, 蔡正保主编
. -- 北京：中国水利水电出版社，2023.2（2024.11 重印）
高等职业教育电子信息课程群系列教材
ISBN 978-7-5226-1405-2

Ⅰ．①P⋯ Ⅱ．①王⋯ ②蔡⋯ Ⅲ．①软件工具－程序设计－高等职业教育－教材 Ⅳ．①TP311.561

中国国家版本馆CIP数据核字(2023)第025351号

策划编辑：崔新勃   责任编辑：张玉玲   加工编辑：刘 瑜   封面设计：梁 燕

书 名	高等职业教育电子信息课程群系列教材 Python 程序设计实践教程 Python CHENGXU SHEJI SHIJIAN JIAOCHENG
作 者	主 编 王鹤琴 蔡正保 副主编 穆红涛 李京文 朱珍元 张俊宁 芮素文 张林静
出版发行	中国水利水电出版社 （北京市海淀区玉渊潭南路 1 号 D 座 100038） 网址：www.waterpub.com.cn E-mail: mchannel@263.net（答疑） sales@mwr.gov.cn 电话：（010）68545888（营销中心）、82562819（组稿）
经 售	北京科水图书销售有限公司 电话：（010）68545874、63202643 全国各地新华书店和相关出版物销售网点
排 版	北京万水电子信息有限公司
印 刷	三河市鑫金马印装有限公司
规 格	184mm×260mm 16 开本 16 印张 400 千字
版 次	2023 年 2 月第 1 版 2024 年 11 月第 2 次印刷
印 数	2001—4000 册
定 价	45.00 元

前　　言

  Python 是一种解释型、面向对象的高级程序设计语言。随着人工智能、大数据时代的到来，Python 已经成为数据分析、图像处理、科学计算等众多领域的首选编程语言。学习如何利用 Python 进行编程，是众多相关专业学生需要学习及掌握的基本技能。

  Python 是一款易于学习且功能强大的开放源代码的编程语言。本书以实践应用为导向，在给出了项目开发环境搭建、Python 语法基础、程序控制结构等基本知识和基本操作之后，通过 Python 序列类型、字符串、函数、面向对象程序设计、文件处理、异常处理、常用的标准库和第三方库、图形用户界面编程和数据库编程等项目的实践案例，帮助广大读者较好地掌握相关技能和知识，构建程序设计分析思想，完成相关实践应用。

  本书主要具有以下特色。

  1．零基础

  读者只需了解计算机的基本知识和操作，跟随本书学习即可掌握 Python 的编程方法。

  2．强调理论与实践结合

  全书包含了丰富的案例，内容基本覆盖了 Python 的所有知识要点。书中每个知识点都尽量安排一个短小、完整的案例，通过项目分解模块综合运用知识点，强化程序思维的培养。

  3．内容编排精心设计

  本书讲解的各种知识和配套案例循序渐进、环环相扣，案例选取贴近生活，有助于提高读者的学习兴趣。在每个项目后面均设有相关习题以提高读者的应用能力。

  4．配套资源丰富

  为方便教学，本书配套了所有案例的代码、数据，提供了课件和习题参考答案，并精心录制了每个项目的讲解视频帮助读者学习。

  关于本书的教学建议如下。

周次	教学时数	教学形式（讲课、现场教学、实验、设计等）	教学内容
1	4	讲课+实验	项目 1　项目开发环境搭建
2	4	讲课+实验	项目 2　Python 语法基础
3	4	讲课+实验	项目 3　程序控制结构
4	4	讲课+实验	项目 4　Python 序列类型
5	4	讲课+实验	
6	4	讲课+实验	项目 5　字符串
7	4	讲课+实验	
8	4	讲课+实验	项目 6　函数
9	4	讲课+实验	项目 6　函数

周次	教学时数	教学形式（讲课、现场教学、实验、设计等）	教学内容
10	4	讲课+实验	项目 7　面向对象程序设计
11	4	讲课+实验	
12	4	讲课+实验	项目 8　文件处理
13	4	讲课+实验	项目 9　异常处理
14	4	讲课+实验	项目 10　常用的标准库和第三方库
15	4	讲课+实验	项目 11　图形用户界面编程
16	4	讲课+实验	项目 12　数据库编程
17	4	实验+复习	期末复习
18	2	考核	期末考试

　　本书由王鹤琴、蔡正保任主编，穆红涛、李京文、朱珍元、张俊宁、芮素文和张林静任副主编。主要编写人员分工如下：王鹤琴编写项目 1、项目 11，席欧编写项目 2，张林静编写项目 3，蔡正保编写项目 4、项目 5，芮素文编写项目 6，朱珍元编写项目 7、项目 10，张俊宁编写项目 8、项目 9，王宁编写项目 12，王鹤琴、蔡正保、穆红涛、李京文负责全书的统稿、修改、定稿工作。参与本书编写工作的还有胡凌云、汪炜玮、宋清林、马慧、周丰杰等。中国水利水电出版社的有关负责同志对本书的出版给予了大力支持，在本书的策划和编写过程中，提出了很好的建议，特别是对编写方式及案例的策划，使本书能够更好地用于教学，在此表示感谢。本书的出版得到了安徽省 2022 年高校学科（专业）拔尖人才学术资助项目（项目编号：gxbjZD2022147）的资助。读者可登录"万水书苑"（http://www.wsbookshow.com/）下载书中配套的所有程序源代码、案例数据、教学课件、习题答案、课程视频。

　　由于时间仓促，书中难免存在疏漏和不足之处，恳请广大读者批评指正。

安徽警官职业学院　王鹤琴
2022 年 7 月

目　　录

项目 1 项目开发环境搭建

学习目标

- 了解 Python 的诞生与发展、特点和应用领域。
- 理解并掌握在 Windows 操作系统中 Python 开发环境的搭建。
- 理解 Python 程序简单示例。

育人目标

- 培养学生努力发扬精益求精的工匠精神。
- 培养学生遵循语法规则的习惯，树立牢固的规则意识。
- 培养学生具有正确认识自己，发挥特长，补齐短板。

1.1 项 目 引 导

随着人工智能、大数据时代的到来，Python 已经成为当今最受欢迎的通用编程语言之一。Python 在云计算、Web 开发、科学计算、人工智能、系统操作和维护、金融工程等领域都发挥着重要作用。Python 具有简洁、易于学习、易于阅读、可移植和资源丰富等优点，非常适合作为编程初学者的入门语言。本项目要求熟练掌握 Python 开发环境的搭建。项目首先介绍Python 的诞生与发展、特点、应用领域，接着介绍如何搭建 Python 开发环境，然后介绍 Python第三方开发工具，最后要求访问官网下载基于Windows平台的Python安装包，安装并配置Python环境，用不同方式编程并运行 Python 程序。

1.2 技 术 准 备

Python 的诞生与发展

1.2.1 Python 的诞生与发展

人与计算机交互所使用的语言称为计算机程序设计语言。计算机程序设计语言按其发展的过程是机器语言→汇编语言→高级语言。机器语言是计算机唯一能够识别并能直接执行的语言，实际上机器语言就是计算机中二进制代码指令的集合，用机器语言编写程序十分烦琐，工作量大，且写出的程序可靠性差，除了计算机生产厂家的专业人员外，绝大多数程序员已经不再学习机器语言了。汇编语言是用英文助记符表示的符号语言，克服了机器语言的难读、难改的缺点，保持了机器语言的相应优点，但它和机器语言一样都是面向机器的低级语言，使用时必须对计算机内部结构有较为深入的了解。在汇编语言中，用助记符代替机器指令的操作码，用地址符号或标号代替指令或操作数的地址，例如用 ADD 表示加法，从而增强程序的可读性并降低编程难度。汇编语言和机器自身的编程环境息息相关，因此仍然存在通用性差、可读性差的缺点。

高级语言接近自然语言，因此编写的程序易学、易读、易改，通用性好，而且不依赖机器，是一种面向过程、面向对象的程序设计语言。常见的高级语言有 Java、C、C++、Python、Swift、JavaScript、BASIC 和 Scratch 等。高级语言编写的程序不能直接被计算机识别，必须经过转换才能被执行，按转换方式可将它们分为两类：编译型和解释型。编译型语言将源代码一次性转换成目标代码，执行编译过程的程序称为编译器，如 C、C++、Java 等。解释型语言将源代码逐条转换成目标代码同时逐条运行，执行解释过程的程序称为解释器。

Python 是一种解释型、面向对象的高级程序设计语言，它是一款易于学习且功能强大的开放源代码的编程语言，可以快速帮助人们完成各种编程任务，并且能够把用其他语言制作的各种模块很轻松地联结在一起。使用 Python 编写的程序可以在绝大多数平台顺利运行。近年来 Python 的影响逐年扩大，而且整体呈上升趋势，反映出 Python 的应用越来越广泛，也越来越得到业内的认可。

Python 的创始人是荷兰人吉多·范罗苏姆（Guido van Rossum）。1989 年，吉多·范罗苏姆开始开发一个新的脚本解释程序，作为 ABC 语言的一种继承，也就是 Python 的编译器。吉多希望这个称作 Python 的语言能符合他的理想——创造一种处于 C 和 Shell 之间，功能全面、易学易用、可拓展的语言。

1991 年，Python 公开发行第一个版本。由于其功能强大且采用开源方式发行，Python 发展迅猛，用户越来越多，逐渐形成了一个强大的社区力量。2000 年 10 月 16 日，Python 2.0 发布，实现了完整的垃圾回收功能，并且支持 Unicode，同时其开发过程更加透明。2008 年 12 月 3 日，Python 3.0 发布。

目前 Python 的主流版本主要有 Python 2.x 和 Python 3.x 系列。与 Python 2.x 系列相比，Python 3.x 系列在语法层面和解释器内部都做了很多重大的改进，同时在语句输出、编码、运算和异常等方面也做了一些调整，因此 Python 3.x 系列版本的代码无法向下兼容 Python 2.x 系列。从总体趋势而言，会有越来越多的开发者选择 Python 3.x，放弃 Python 2.x。我们在使用 Python 编制程序时，也要发扬这种精益求精的工匠精神，不断调整优化代码。此外，围绕 Python 3.x 的第三方库也会逐渐丰富起来。建议选用目前流行的 Python 3.x 系列版本进行开发（本书是以 Python 3.x 为默认运行环境撰写的）。

1.2.2　Python 的特点

Python 简单易懂，初学者学习 Python 不但入门容易，而且通过深入学习，可以编写一些功能非常复杂的程序。

1. Python 的优点

（1）简单易学。作为初学 Python 的人员，直接的感觉就是 Python 非常简单，非常适合阅读，阅读一个良好的 Python 程序就像是在读英语文章一样。Python 虽然是用 C 语言编写的，但是它摒弃了 C 语言中非常复杂的指针，简化了 Python 的语法结构。

（2）免费开源。Python 是自由/开放源码软件（Free/Libre and Open Source Software，FLOSS）之一。简单地说，用户可以自由地发布这个软件的备份、阅读它的源代码、对它做改动、把它的一部分用于新的自由软件中。Python 的开发者希望 Python 能让更多优秀的人参与创造并经常改进。

（3）面向对象。Python 既支持面向过程的函数编程，也支持面向对象的抽象编程。面向对象的程序设计更加接近人类的思维方式，是对现实世界中的客观实体进行结构和行为的模拟。在面向过程的语言中，程序是由过程或仅仅是可重用代码的函数构建起来的。与其他主要的语言（如 C++和 Java）相比，Python 以一种非常强大又简单的方式实现面向对象编程。

（4）移植性强。由于 Python 具有开源的本质，因此它已经被移植到许多平台上（经过改动能够工作在不同平台上）。如果开发者能小心地避免使用 Python 依赖于系统的特性，那么几乎所有 Python 程序无须修改就可以在下述平台运行，包括 Linux、Windows、FreeBSD、Macintosh、Solaris、OS/2、Amiga、AROS、AS/400、BeOS、OS/390、z/OS、Palm OS、QNX、VMS、Psion、Acom RISC OS、VxWorks、PlayStation、Sharp Zaurus、Windows CE，甚至还有 PocketPC、Symbian 以及 Google 基于 Linux 开发的 Android 平台。

（5）强大的生态系统。Python 自身具有丰富和强大的库，同时还拥有数量众多的第三方扩展库，这使人们通过编程实现相应的功能变得非常简单，这也是 Python 得以流行的原因之一。在实际应用中，Python 的用户群体中的绝大多数并非专业的开发者，而是其他领域的爱好者。对于这一部分用户来说，他们学习 Python 的目的不是去做专业的程序开发，而仅仅是使用现成的类库去解决实际工作中的问题。Python 极其庞大的生态系统刚好能够满足这些用户的需求，同时其丰富的生态系统也给专业开发者带来了极大的便利。Python 大量成熟的第三方库可以直接使用，专业开发者只需要使用很少的语法结构就可以编写出功能强大的代码，缩短了开发周期，提高了开发效率。常用的 Python 第三方库包括 Matplotlib（数据可视化库）、NumPy（数值计算功能库）、SciPy（数学、科学、工程计算功能库）、pandas（数据分析高层次应用库）、Scrapy（网络爬虫功能库）、BeautifulSoup（HTML 和 XML 的解析库）、Django（Web 应用框架）、Flask（Web 应用微框架）等。

（6）编程规范。Python 通过强制缩进来体现语句之间的逻辑关系，使代码可读性强，进而增强了 Python 程序的可维护性。常用的 Python 集成式开发环境都具有自动缩进的机制，例如输入"："之后，按 Enter 键会自动进行缩进。我们编制程序要遵循语法规则，没有规矩，不成方圆，应牢固树立规则意识。

为了提高程序的可读性，可在程序的适当位置加上必要的注释。Python 中的注释有两种：行注释和块注释。

行注释：以"#"开头，可以单独成行，也可以跟在某行代码的后边。

块注释：也称多行注释，用 3 个单引号（'''）或者 3 个双引号（"""）将多行注释括起来，通常用于对函数、类等的大段说明。

2．Python 的缺点

（1）运行速度慢。由于 Python 是解释型语言，所以它的速度会比 C、C++、Java 稍微慢一些。不过对一般用户而言，由于现在的硬件配置都非常高，硬件性能的提升可以弥补软件性能的不足，因此机器上运行速度的因素是可以忽略的。如果用户有速度要求，那么也有解决办法，例如可以嵌入 C 语言程序以提高运行速度。

（2）不能加密。Python 的开源性使 Python 语言不能加密。我们在发布 Python 程序时，实际上就是发布源代码。但是目前国内市场纯粹靠编写软件卖给客户的情况越来越少，网站和移动应用不需要给客户源代码，所以这个问题也就可以忽略了。

Python 的优点有很多，是程序设计语言领域近年来最重要的成果之一，在产业界被广泛使用，是国际上最流行的程序设计语言。我们在使用 Python 语言进行编程时，也要学会正确认识自己，明白自身的优缺点，发挥特长，补齐短板。

1.2.3 Python 的应用领域

Python 的应用领域非常广泛，概括起来有如下 9 大类。

1．Web 开发

Python 是目前 Web 开发的主流语言之一，其类库丰富，使用方便，能够为一个需求提供多种方案。常用的 Web 开发框架有 Django、Flask、Tornado、Web2py 等，这些框架能够让用户快速方便地构建功能完善的高质量网站。目前很多大型网站如豆瓣、YouTube 等均是用 Python 开发的。

2．网络爬虫

除了 Python 自身的标准库 urllib 外，还有众多的第三方扩展库，如 Requests、BeautifulSoup 以及一些网络爬虫框架如 Scrapy，这些库使利用 Python 进行爬虫开发更加方便高效。

3．人工智能

Python 生态圈拥有大量用于机器学习、深度学习、图像识别、自然语言处理等人工智能领域的第三方扩展库，如 sklearn、TensorFlow、PyTorch、NLTK 等。

4．云计算

目前最流行、最知名的云计算框架是 OpenStack，它正是由 Python 开发的。Python 流行的很大一部分原因就是云计算的发展。

5．自动化运维

Python 是一种脚本语言，本身提供了一些能够调用系统功能的库，可编写脚本程序来控制系统，实现自动化运维。目前常用的系统自动化运维工具如 Ansible、Airflow、Celery、Paramiko 等都是用 Python 开发的。

6．科学计算

从 1997 年开始，美国航空航天局（National Aeronautics and Space Administration，NASA）就大量使用 Python 进行各种复杂的科学计算。随着 NumPy、SciPy、Matplotlib 和 Enthought librarys 等众多程序库的开发，使 Python 越来越适合于做科学计算、绘制高质量的 2D 和 3D 图像。与科学计算领域最流行的商业软件 MATLAB 相比，Python 是一门通用的程序设计语言，比 MATLAB 所采用的脚本语言的应用范围更广泛。

7．游戏开发

使用 Python 可以用更少的代码描述游戏业务逻辑，可以大大缩减大型游戏项目的代码量，因此很多游戏开发者先利用 Python 来编写游戏逻辑代码，再使用 C++编写图形显示等对性能要求较高的模块。Python 的 Pygame 模块可以制作 2D 游戏。

8．多媒体应用

Python 的 PIL、Piddle、ReportLab 等模块可方便地处理图像、声音、视频、动画等，并可动态生成统计分析图表，同时还可处理 2D 和 3D 图像，因此 Python 也被广泛应用于多媒体处理中。

9. 金融分析

目前，Python 是金融分析、量化投资领域中使用最多的开发语言。量化投资就是采用计算机技术及数据挖掘模型，实现自己的投资理念或投资方法的一种过程。很多公司编写的分析程序、高频交易软件就是用的 Python 语言。

1.2.4　Python 开发环境的搭建

Python 可以用于多种平台，包括 Windows、Linux 和 Mac OS 等。学习 Python 首先需要安装开发环境。安装 Python 后会得到 Python 解释器，它负责运行 Python 程序。Python 可以在命令行交互环境或集成开发环境下运行。IDLE 是 Python 自带的集成开发环境，其界面简洁，使用简单方便，适合小型项目的开发和初学者使用。当安装好 Python 以后，IDLE 就自动安装好了，不需要另外安装。请到 Python 官网（https://www.python.org/）下载与自己计算机操作系统匹配的安装包并安装。本书采用的操作系统是 Windows，使用 Python 3.x 运行环境。

1.2.5　Python 第三方开发工具

Python 的第三方开发工具有很多，其中比较常用的有 Anaconda、PyCharm、Eclipse+PyDev 等。

1. Anaconda

Anaconda 是一个用于科学计算的 Python 发行版本，支持 Linux、Mac、Windows 系统，包含了众多流行的科学计算、数据分析的 Python 包，在数据分析与数据挖掘方面具有优势，是数据科学家和数据分析人员的首选开发环境。Anaconda 中包含 NumPy、pandas、Matplotlib 等库，利用 Anaconda 可以让用户免于将过多的精力花在环境搭建上，从而快速进入 Python、数据分析、机器学习等领域的探索当中。

2. PyCharm

PyCharm 是一款功能强大的 Python 编辑器。PyCharm 拥有一般的集成开发环境应该具备的功能，如调试、语法高亮、项目管理、代码跳转、智能提示、自动完成、单元测试、版本控制等。另外，PyCharm 还提供了一些很好的功能用于 Django 开发，而且还支持 Google App Engine。

3. Eclipse+PyDev

Eclipse 是一款基于 Java 的可扩展开发平台，包括 Java SE、Java EE、Java ME 等诸多版本。除此之外，Eclipse 还可以通过安装插件的方式进行诸如 Python、Android、PHP 等语言的开发。PyDev 是一个功能强大的 Eclipse 插件，能够将 Eclipse 当作 Python IDE，使用户可以利用 Eclipse 进行 Python 应用程序的开发和调试。Eclipse+PyDev 对 IDLE 进行了封装，提供了强大的功能，非常适合开发大型项目。

1.3　项 目 分 解

安装 Python 开发环境

任务 1：安装 Python 开发环境

Python 是一个轻量级的软件，我们可以在其官网上下载安装程序。

运行下载的 python-3.8.7-amd64.exe 安装包，出现如图 1.1 所示界面，提示有两种不同的安装方式，如果要采用系统默认路径安装，则直接选择 Install Now 选项；如果想指定安装路径，则 Customize installation 选项。无论选用哪种安装方式，要注意勾选 Add Python 3.8 to PATH 复选框，这样省去了手动配置环境变量的麻烦。

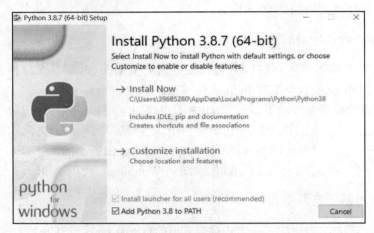

图 1.1　Python 安装界面

Python 安装完成后，打开 Windows 系统的 cmd 命令提示符窗口，输入 python 后按 Enter 键，如果出现图 1.2 所示界面，则表明 Python 开发环境安装成功。

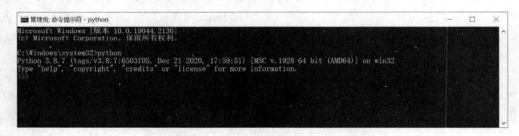

图 1.2　测试 Python 开发环境是否安装成功

任务 2：编写交互式代码

交互式编程不需要创建脚本文件，而是通过 Python 解释器的交互模式来编写代码的，图 1.2 所示的界面就是一个交互式执行环境。在交互模式中，每次只能执行一条语句。可以在 Python 命令提示符 ">>>" 后面输入 Python 代码，按 Enter 键后就会立即看到执行结果。例如，输入 print("Hello World")，运行效果如图 1.3 所示。

图 1.3　Python 交互式编程

任务 3：运行程序文件

下面运行一个简单的 Python 程序文件。如在 Windows 系统的 D 盘根目录下已经存在一个程序文件 example01-01.py，该文件中只有如下一行代码：

```
print("Hello World")
```

打开 Windows 系统的 cmd 命令提示符窗口，切换至 hello.py 所在目录，并在命令提示符后面输入如下语句：

```
python D:\ example01-01.py
```

运行结果如图 1.4 所示。

```
■ 管理员: 命令提示符                                      —    □    ×
Microsoft Windows [版本 10.0.19044.2130]
(c) Microsoft Corporation。保留所有权利。

C:\Windows\system32>D:

D:\>python example01-01.py
Hello World

D:\>
```

图 1.4　example01-01.py 运行结果

任务 4：使用 IDLE 编写代码

集成开发环境（Integrated Development and Learning Environment，IDLE）是一个 Python Shell，程序开发人员可以利用 Python Shell 与 Python 交互。在 Windows 系统的"开始"菜单中找到 IDLE(Python 3.8 64-bit)，或者在 Windows 搜索框中输入 idle，也可找到 IDLE，打开进入 IDLE 主窗口，如图 1.5 所示。IDLE 启动后默认进入的是交互式模式，">>>"为提示符，可以在提示符后面输入 Python 代码。普通语句输入完成后直接按 Enter 键就可执行该语句，而一些复合语句需要按两次 Enter 键才能执行。

```
■ IDLE Shell 3.8.7                                    —    □    ×
File  Edit  Shell  Debug  Options  Window  Help
Python 3.8.7 (tags/v3.8.7:6503f05, Dec 21 2020, 17:59:51) [MSC v.1928 64 bit (AM
D64)] on win32
Type "help", "copyright", "credits" or "license()" for more information.
>>> |

                                                        Ln: 3  Col: 4
```

图 1.5　IDLE 主窗口

如果要创建一个代码文件，那么可以执行如下步骤。

（1）新建文件。在菜单中选择 File→New File 选项打开一个新的 IDLE 窗口，在窗口中输入程序，如图 1.6 所示。

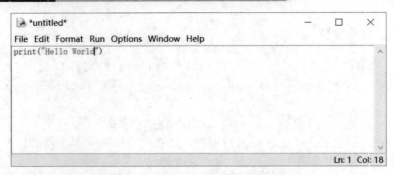

图 1.6　在 IDLE 窗口中创建程序

（2）保存程序。在 IDLE 窗口中编写完程序后，在菜单里依次选择 File→Save 选项（或者用 Ctrl+S 组合键）来进行保存，首次保存时会弹出文件对话框，要求用户输入保存的文件名。此时保存的文件名为 example01-01.py。

（3）运行程序。文件编辑完成后，可以按 F5 键运行程序，或选择 Run→Run Module 选项，程序运行结果如图 1.7 所示。

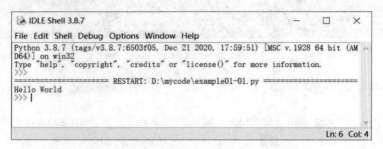

图 1.7　程序运行结果

在 IDLE 中，除了撤销（Ctrl+Z）、全选（Ctrl+A）、复制（Ctrl+C）、粘贴（Ctrl+V）、剪切（Ctrl+X）等常规组合键之外，其他比较常用的组合键见表 1.1。

表 1.1　IDLE 常用组合键

组合键	功能说明
Alt+P	浏览历史命令（上一条）
Alt+N	浏览历史命令（下一条）
Ctrl+F6	重启 Shell，之前定义的对象和导入的模块全部失效
F1	打开 Python 帮助文档
Alt+/	自动补全前面曾经出现过的单词，如果之前有多个单词具有相同前缀，则在多个单词中循环选择
Ctrl+]	缩进代码块
Ctrl+[	取消代码块缩进
Alt+3	注释代码块
Alt+4	取消代码块注释
Tab	补全单词

任务 5：搭建 Python 集成开发环境

PyCharm 是一款功能强大的 Python 编辑器，具有跨平台性。进入 PyCharm 官方下载页面（https://www.jetbrains.com/pycharm/download/#section=windows）下载 Community 版（社区版）。注意 Professional 版（专业版）是收费的，Community 社区版是完全免费的。双击打开下载的安装包，安装界面如图 1.8 所示。

搭建 Python 集成
开发环境

图 1.8　PyCharm 安装界面

单击 Next 按钮，设置 PyCharm 的安装路径，用户按照安装向导的提示逐步安装，安装完成后的界面如图 1.9 所示。

图 1.9　PyCharm 安装完成

用 PyCharm 创建项目并运行 Python 程序的步骤如下。

（1）运行 PyCharm，选择 File→New Project 选项进入 CreateProject 界面，如图 1.10 所示。这里设置项目存储路径为 C:\Users\39685280\mypython，之后单击 Create 按钮进入项目界面，如图 1.11 所示。

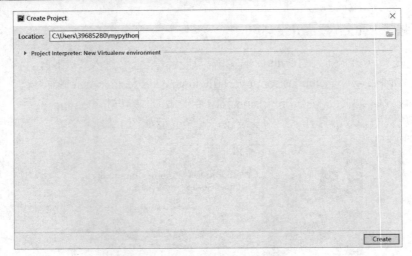

图 1.10　PyCharm 创建项目

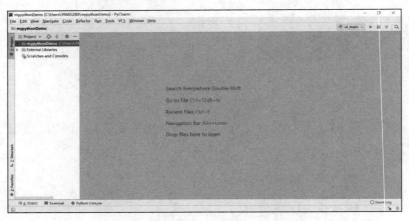

图 1.11　项目界面

（2）选中项目名称，右击，在弹出的快捷菜单中选择 New→Python File 选项，弹出 New Python file 对话框，在该对话框的 Name 文本框中设置 Python 文件名为 example01-02，如图 1.12 所示。单击 OK 按钮后完成文件的创建，可以编辑 example01-02.py 程序，如图 1.13 所示。

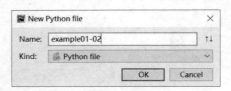

图 1.12　创建 Python 程序

（3）在 example01-02.py 文件中输入下列代码：

```
print(" I can do it")
```

右击 example01-02.py 文件，在弹出的快捷菜单中选择 Run 'example01-02' 选项运行程序，如图 1.14 所示。

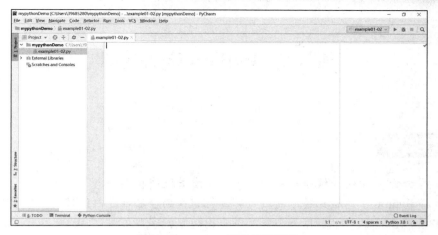

图 1.13　Python 程序编辑界面

图 1.14　Python 程序运行界面

1.4　项 目 总 结

　　本项目首先介绍了 Python 的诞生与发展、特点和应用领域；其次介绍了 Python 开发环境的搭建；然后简要介绍了常用的 Python 第三方开发工具；最后通过 5 个任务的上机实践使读者熟练掌握了 Python 开发环境的搭建和 Python 程序的运行。

1.5　习　　题

1．简述 Python 的特点。
2．简述 Python 的应用领域。
3．简述如何在 Python 中进行注释。
4．简述常见的 Python 第三方开发工具。

项目 2　Python 语法基础

- 了解 Python 中的关键字，会借助工具查看关键字信息。
- 掌握 Python 中的标识符，能准确判断标识符的合法性，熟练使用解决相应问题。
- 掌握 Python 的基本数据类型（字符串、列表、字典）。
- 理解不同运算符的作用，会进行不同的数值运算。

- 形成良好的编码风格，代码书写规范。
- 培养学生形成用编程解决实际生活问题的意识。
- 培养学生通过判断、分析与综合各种信息资源，能运用合理的算法形成解决问题的方案，并具有运用基本算法设计出解决问题的方案的能力。
- 培养学生能使用编程语言或其他数字化工具进行项目的编写。
- 培养学生形成积极学习 Python 的态度，立志为中国信息技术发展做出贡献。

2.1　项目引导

在前面的项目中，我们了解了 Python 的诞生与发展、特点和应用领域，学习了在 Windows 操作系统中搭建 Python 的开发环境。本项目将学习 Python 的关键字、标识符、变量和常量、基本数据类型、运算符与表达式以及运算符的优先级等内容。

2.2　技 术 准 备

2.2.1　关键字和标识符

1. 关键字

关键字，又称保留字，是 Python 中被赋予特定意义的单词，要求开发人员在开发程序时，不能用这些关键字作为标识符给变量、函数、类、模块以及其他对象命名。Python 所有的关键字如图 2.1 所示。

2. 标识符

标识符可以理解为一个用来标识变量、函数、类、模块和其他对象的名字。

（1）标识符由字母、数字和下划线组成，但不能以数字作为开头。示例代码如下：

fromTo2	#合法的标识符
from#3	#不合法的标识符，标识符不能包含"#"
5ndobj	#不合法的标识符，标识符不能以数字开头

		Python关键字一览表			
and	as	assert	break	class	continue
def	del	elif	else	except	finally
for	from	False	global	if	import
in	is	lambda	nonlocal	not	None
or	pass	raise	return	try	True
while	with	yield			

图 2.1　Python 关键字

（2）标识符的命名规范如下。

1）标识符用单下划线开头：不能直接访问类的属性，需通过类提供的接口访问。

2）标识符用双划线开头：代表类的私有成员。

3）以双划线开头和结尾的标识符：代表 Python 中的特殊方法。

通常以具有代表性的名字作为标识符，提高代码的可读性。例如，定义名字使用 name 来表示，定义面积使用 s 来表示。标识符是区分大小写的，如 area 和 Area 是不同的标识符。

（3）Python 中的标识符不能使用关键字。例如，with 不能作为标识符。在实际开发中，如果使用 Python 中的关键字作为标识符，则解释器会提示 invalid syntax 的错误信息，如图 2.2 所示。

```
if='Good morning'
        ^
SyntaxError: invalid syntax

进程已结束,退出代码1
```

图 2.2　关键字作标识符报错信息示意

2.2.2　变量和常量

任何编程语言都需要处理数据，如数字、字符串、字符等，我们可以直接使用数据，也可以如同代数一样，在程序代码中使用一个符号（如 a、s、

变量和常量的案例

total）来代表一个数值，并使用"b=a+1"这种方式表示不同的计算过程。这些符号称为变量（Variable），因为它们的值可以根据需要随时改变。变量是程序设计最基础的要素，用户将数据保存到变量中，方便以后使用。

从计算机的角度来看，所谓变量就是计算机内存中的一块区域，可以存储规定范围内的值。可以想象它是一个用于容纳值的房子，这个房子的门牌号就是变量的名字，而它的值就是存放在房子里的数值，而且其值可以改变。

从底层来看，程序中的数据最终都要放到内存（内存条）中，变量就是这块内存的名字。

和变量相对应的是常量（Constant），一般是指不需要改变也不能改变的字面值，两者的区别在于，变量保存的数据可以被多次修改，而常量一旦保存某个数据之后就不能修改了。

在编程语言中，赋值（Assignment）就是将数据放入变量的过程。每个变量在使用前都必须赋值，变量赋值以后该变量才会被创建。

Python 使用等号（=）作为赋值运算符，等号左边是一个变量名，等号右边是存储在变量中的值。Python 变量无须声明数据类型就可以直接赋值，对一个不存在的变量赋值就相当于创建（定义）了一个新变量。

具体格式如下：

```
name = value
```

注意：变量是标识符的一种，它的名字不能随便起，不仅要遵守 Python 标识符命名规范，还要避免和 Python 内置函数以及 Python 保留字重名。

【例 2.1】将 10 赋值给变量 c，80.0 赋值给变量 m，Henry 赋值给变量 name 并输出。

```
c = 10          #赋值整型变量
m = 80.0        #浮点型
name = "Henry"  #字符串

print(c)
print(m)
print(name)
```

代码运行结果：

```
10
80.0
Henry
```

Python 变量的数据类型可以随时改变，变量的值并不是一成不变的，它可以随时被修改，只要重新赋值即可。可以将同类型的数据赋值给不同的变量，也可以将不同类型的数据赋值给同一个变量，不同变量之间的值可以相互交换。

注意：#为行注释符号，#后的内容是对代码的注释，方便理解代码。

【例 2.2】将 1 赋值给变量 l、m、n 并输出。

```
l = m = n = 1
print(l)
print(m)
print(n)
```

代码运行结果：

```
1
1
1
```

【例 2.3】将 11、22、33 分别赋值给变量 l、m、n 并输出。

```
l, m, n = 11, 22, 33
print(l)
print(m)
print(n)
```

代码运行结果：

```
11
22
33
```

【例 2.4】 将 22、33 分别赋值给变量 m、n，交换 m、n 的值并输出。

```
m = 22
n = 33
m, n = n, m
print('m = ', m)
print('n = ', n)
```

代码运行结果：

```
m = 33
n = 22
```

查看变量的数据类型可以使用内置的 type() 函数，它返回的是对象的类型。查看变量在内存中的 id 标识可以使用 id() 函数，变量被重新赋值之后，内存地址将会发生变化。

【例 2.5】 将 1、True、Henry 分别赋值给变量 m、s、n，查看 m、s、n 的数据类型及在内存中的 id 标识，重新赋值变量 s、n 使它们相等并输出 m、s、n 的标识。

```
m = 1
s = True
n = 'Henry'
print(type(s))
print(type(m))
print(type(n))
print(id(m))
print(id(s))
print(id(n))
n = s
print(id(m))
print(id(s))
print(id(n))
```

代码运行结果：

```
<class 'bool'>
<class 'int'>
<class 'str'>
270186480
270061904
6238752
270186480
270061904
270061904
```

2.2.3　基本数据类型

基本数据类型的案例

在计算机中，所有数据（数字、文本、列表、音乐、图像等）都是以二进制数字形式保存的。显然，不同类型的数据，在保存为二进制时应当采用不同的结构和规则。例如，把一个数字转换为二进制，与把一张图片转换为二进制，方式会有很大区别。

我们可以很容易地分清数字与字符的区别，但是计算机不能。因此，在程序语言中引入了"数据类型"的概念。每一类不同的数据，其表示的内容、范围与保存规则都不相同。计算机在解读时，会根据指定的不同类型的数据而采用不同的规则，从而得到不同的结果。在每种编程语言里都对常用的各种数据进行了明确的划分，这就是数据类型。

Python 的基本数据类型包括数字型（整数、浮点数、复数、bytes）、逻辑型、字符串、容器（列表、元组、集合、字典）。

以下是常用的 6 个标准的数据类型：

- Numbers（数字）；
- String（字符串）；
- List（列表）；
- Tuple（元组）；
- Set（集合）；
- Dictionary（字典）。

不可变对象包括数字、字符串、布尔值（也算数字）以及元组。

可变对象包括列表、集合、字典。

可迭代对象包括列表、元组、字符串、字典、集合等常见容器，也包括其他形式，如 zip 对象、range 对象等。

因此，虽然 zip 对象不能像列表那样使用 a[i]的方式访问指定位置的元素，但仍然可以使用 for 语句逐个访问。

1. 数字

数字数据类型用于存储数值。Python 的核心对象集合包括常规的类型：整数、浮点数以及较为少见的虚部的复数、固定精度的十进制数、带分子和分母的有理分数以及集合和布尔值），第三方开源扩展领域甚至包含了更多（矩阵和向量）。

Python 支持如下 4 种不同的数字数据类型：

- int（整型）；
- bool（布尔值）；
- float（浮点型）；
- complex（复数）。

（1）整型（int）：整型我们所说的整数，包括零、正整数和负整数，无小数点。Python 3.x 整型是没有限制大小的，可以当做 long 类型使用。

下面举例说明整型的 4 种表现形式。

【例 2.6】将 20 转为二进制、八进制、十进制及十六进制并输出。

二进制：bin(20)。将 20 转换为二进制，以"0b"开头。

```
s = bin(20)
print(s)
```

代码运行结果：

```
0b10100
```

八进制：oct(20)。将 20 转换为八进制，以"0o"开头。

```
s = oct(20)
print(s)
```

代码运行结果：

0o24

十进制：int(20)。将 20 转换为十进制，正常显示。

```
s = int(20)
print(s)
```

代码运行结果：

20

十六进制：hex(20)。将 20 转换为十六进制，以"0x"开头。

```
s = hex(20)
print(s)
```

代码运行结果：

0x14

（2）bool（布尔值）：所有标准对象均可以用于布尔测试，同类型的对象之间可以比较大小。Python 中的布尔类型只有 True 和 False 两个取值；True 对应整数 1，False 对应整数 0。而常用的布尔运算包括 and、or、not 3 种。

等同于 False 的值：None；False；任何为 0 的数字类型（如 0、0.0、0j）；任何空序列（如""、()、[]）；空字典（如{}）；用户定义的类实例（如类中定义了__bool__()或者__len__()方法，并且该方法返回 0 或者布尔值 False）。

等同于 True 的值：非零数值；非空字符串。

常用的布尔运算介绍如下。

and 为逻辑与运算：a and b，即 a 与 b 都是 True 时，a and b 才为 True

or 为逻辑或运算：a or b，即 a、b 内只要任意一个为 True，则 a or b 为 True

not 为逻辑非运算：当 a 表达式为 True 时，not a 表达式为 False，反之亦然

（3）浮点型（float）：数学中的小数，一般以十进制表示，由整数和小数部分（可以是 0）组成。对于很大或者很小的浮点型数字，可以用科学计数法表示。例如：2.6e4 = 26000，英文字母 e 后面的数字表示乘以 10 的多少次幂。

【例 2.7】将 3.4、2e-1、6e3 分别赋值给变量 a、b、c 并输出。

```
a = 3.4
print(a)
b = 2e-1
print(b)
c = 6e3
print(c)
```

代码运行结果：

3.4

0.2

6000.0

（4）复数（complex）：由实数部分和虚数部分构成，可以用 a + bj 或者 complex(a,b)表示，复数的实部 a 和虚部 b 都是浮点型。虚数部分后面必须有 j 或 J。

【例 2.8】获取复数 6+9j 的虚部、实部、共轭复数。

```
a = 6 + 9j
print(a.imag)      #.imag 可以获取复数的虚部
```

```
print(a.real)        #.real 可以获取复数的实部
print(a.conjugate())   #.conjugate()函数可以获取复数的共轭复数
```

代码运行结果：

```
9.0
6.0
(6-9j)
```

2. 字符串

字符指一个文本符号，如"p""码"";""!"等。字符串就是用单引号、双引号、三引号或连续三个引号括起来的按先后顺序排列在一起的任意多个字符。字符串必须用半角的单引号、双引号、三引号或连续三个双引号括起来，否则将会被视作变量或函数等名称，导致程序执行出错。在最新的 Python 3.x 版本中，字符串是以 Unicode 编码的。也就是说，Python 的字符串支持多语言，也支持中文。

Python 字符串除了使用"+"运算符进行字符串连接，使用"*"运算符对字符串进行重复之外，还提供了大量的方法支持查找、替换和格式化等操作，很多内置函数和标准库对象也支持对字符串的操作。

例如'a'、"b"、"'c'"、"""abc""" 都代表由 abc 三个字符构成的不同长度的字符串，而 a 则代表一个名为 a 的变量，其取值可能是数字、字符串、列表甚至函数等类型。

字符串中的索引使用：字符串也是字符的数组，所以也支持下标索引。

【例 2.9】现有变量 name = "zhoujielun"，请完成以下步骤。

（1）取 name 字符串的第 1 个元素并输出。

（2）取 name 字符串的第 3 个元素并输出。

（3）取 name 字符串的倒数第 3 个元素并输出。

（4）取 name 字符串的最后一个元素并输出。

```
name = "zhoujielun"
print(name[0])
print(name[2])
print(name[-3])
print(name[-1])
```

代码运行结果：

```
z
o
l
n
```

3. 列表

列表就是将多个数据元素排列在一起形成的表格。列表的特点如下。

（1）列表会将所有元素都放在一对中括号（[]）里面。

（2）相邻元素之间用英文逗号分隔。

（3）列表中可同时包含数字、字符串、列表、浮点数这些数据类型，并且同一个列表中元素的类型也可以不同。

（4）一个列表被 Python 视作一个可以容纳其他数据的特殊的数据。因此，通常情况下，同一列表中只放入同一类型的数据，这样可以提高程序的可读性。

（5）当一个列表被赋值给一个变量时，列表中的每个元素都有一个顺序编号，又称索引。索引值从 0 开始。

（6）索引值为负数，称之为逆向索引，对应列表中从后向前的元素。

（7）如果索引值不存在于列表中，则会报错，提示列表索引超出范围（list index out of range）。

【例 2.10】有一个菜单列表为油爆虾、东坡肉、西红柿炒鸡蛋、红烧茄子、干锅花菜，打印列表的内容。

```
mlist = ['油爆虾', '东坡肉', '西红柿炒鸡蛋', '红烧茄子', '干锅花菜']
print(mlist)
```

运行结果如下：

```
['油爆虾', '东坡肉', '西红柿炒鸡蛋', '红烧茄子', '干锅花菜']
```

【例 2.11】组建列表 X，包含 1、'白居易'、3、4、'琵琶行'、6、7、'hehe'、9、True、5、子列表[0.2]，找到并打印整个列表及列表中从后向前数第 8 个和从前向后数第 1 个元素。

解析：因为列表中元素索引值从 0 开始，所以 X[1]是第 2 个元素；负数为逆向索引，所以 X[-8]是从后向前数第 8 个元素。

```
X = [1,'白居易',3,4,'琵琶行',6,7,'hehe',9,True,5,[0.2]]
print(X)
print(X[-8],X[1])
```

代码运行结果：

```
[1, '白居易', 3, 4, '琵琶行', 6, 7, 'hehe', 9, True, 5, [0.2]]
琵琶行 白居易
```

4．元组

Python 的元组与列表类似，不同之处在于列表元素可以修改，元组的元素不能修改；列表使用方括号，而元组使用圆括号。元组创建很简单，只需要在括号中添加元素并使用逗号隔开即可。元组可以使用下标索引来访问其中的值，下标索引从 0 开始。

【例 2.12】组建元组 tup，包含'a'、3.4、True、1 + 9j，使用下标索引访问元组中的各个值并输出。

```
tup = ('a', 3.4, True, 1 + 9j)
print(tup[0])
print(tup[1])
print(tup[2])
print(tup[3])
```

代码运行结果：

```
a
3.4
True
(1+9j)
```

5．集合

集合是一组可修改的无序、不重复的序列，用"{}"标识，内部元素用逗号分隔。可以使用花括号（{}）或者 set()函数创建集合。需要注意的是，要创建一个空集合，必须使用 set()函数而不是花括号，因为花括号用于创建一个空字典。

集合是一个无序、不重复元素集。不重复是指集合中相同的元素会被自动过滤掉，只保留一份。除了去重之外，集合还常用于成员关系的测试。无序也就是不支持下标索引和切片。

集合之间也可执行运算，如并集、差集、交集。

【例 2.13】创建集合 s，包含元素'Henry'、2.6、True、99、3+7j，增加'python'、序列[1,2,3]，判断集合中是否存在元素'Henry'，删除元素 True，输出集合 s 以及集合 s 的长度。

```python
s = {'Henry', 2.6, True, 99, 3 + 7j}
#集合的长度
len(s)
#添加元素
#添加一个元素到集合中，该元素不能是可修改的序列（list、set、dict）
s.add('python')
#把序列中的元素逐一添加到集合中
s.update([1, 2, 3])
#判断集合中是否存在某个元素
x = 'Henry' in s
print(x)
#移除某个元素（如果指定元素不存在，则报错）
s.remove(True)
print(s)
print(len(s))
```

代码运行结果：

```
True
{256, True, 3.14, 2, 3, 'world'}
6
```

6. 字典

字典是一种常用的内置的容器类型，用于存放具有映射关系的数据，由键（key）和值（value）成对组成，键和值中间以数冒号（:）隔开，项之间用英文逗号隔开，整个字典由花括号（{}）括起来。可以使用数字、字符串以及各种"不可变类型"（如元组）作为字典的键，而"可变类型"（如列表）不能作为字典的键。字典可以存放任意类型对象，如数字、元组、字符串等其他容器类型。字典中的元素不存在顺序，因此也不支持下标索引和切片。

字典的书写格式如下：

```python
dic = {key1 : value1, key2 : value2 }
```

【例 2.14】字典由 dict 类代表，输出 dir(dict) 查看该类包含的所有方法 m。

```python
m = dir(dict)
print('m = ', m)
```

代码运行结果：

```
m = ['__class__', '__contains__', '__delattr__', '__delitem__', '__dir__', '__doc__', '__eq__', '__format__',
'__ge__', '__getattribute__', '__getitem__', '__gt__', '__hash__', '__init__', '__init_subclass__', '__iter__', '__le__',
'__len__', '__lt__', '__ne__', '__new__', '__reduce__', '__reduce_ex__', '__repr__', '__reversed__', '__setattr__',
'__setitem__', '__sizeof__', '__str__', '__subclasshook__', 'clear', 'copy', 'fromkeys', 'get', 'items', 'keys', 'pop', 'popitem',
'setdefault', 'update', 'values']
```

2.2.4 运算符与表达式

Python 中的运算符主要有算术运算符、比较运算符、赋值运算符、位运算符、逻辑运算符、成员运算符、身份运算符。

1. 算术运算符

算术运算符就是我们平常所说的加、减、乘、除，但是 Python 中的算术运算符不仅有这 4 个，还有乘方（幂）运算、整除运算、取余运算。Python 的算术运算符见表 2.1。

表 2.1　算术运算符

名称	符号	描述	简单示例	备注
加法运算	+	求两个数的和或者用于连接字符串、列表等	print(4+5)　　　#9 print([0]+[9])　#[0,9] print('3'+'5')　#'35'	
减法运算	-	求两个数的差或者两个集合的差集等	print(5-3)　　　　　#2 print({1,2,3}-{3})　#{1,2}	
乘法运算	*	求两个数的积或者用于创建重复字符串、列表等	print(1*2)　　　#2 print([1]*2)　　#[1,1] print('1'*2)　　#'11'	
除法运算	/	求两个数的商	print(8/3) #2.6666666666666665	除不尽时默认保留 16 位小数，无论是否除尽，结果都为浮点数
乘方（幂）运算	**	求一个数的某次方	print(4**3)　　#64 print(4**0.5)　#2	4**0.5 代表 sqrt(4)，即 $\sqrt{4}$
整除运算	//	整除，舍去余数	print(5//4)　　#1 print(-5//4)　　#-2	向下取整，不是向 0
取余运算	%	求两个数相除后的余数	print(9%4)　　#1 print(-9%4)　　#3	向下取余，结果取绝对值

2. 比较运算符

比较运算符，顾名思义，就是用来比较两个对象的，一般用在循环语句的循环终止判断条件或者 if-elif-else 语句中，返回值是一个布尔值，见表 2.2。

表 2.2　比较运算符

符号	描述	简单示例	备注
>或>=	判断一个对象是否大于（等于）另一个对象	print(3>=5)　#False	
<或<=	判断一个对象是否小于（等于）另一个对象	print(3<=5)　#True	
==	判断两个对象是否相同	print(6==6.0)　#True	判断两个对象的值在一定范围内是否相同
!=	判断两个对象是否不同	print(9!=9.0)　#False print(9e3 != 9000)　#False	

3. 赋值运算符

赋值运算符是给一个变量进行赋值时使用的，赋值的方式有很多，还可以与位运算结合，即 &=、|=、^=、~=、<<=、>>= 等。赋值运算符见表 2.3。

表 2.3　赋值运算符

名称	符号	描述	备注
简单赋值运算符	=	简单地定义一个变量并赋值	
加法赋值运算符	+=	a += b 等价于 a = a + b	这 7 个赋值运算符与其等价式子相比，它们属于原地运算，即它们的运算都是在自己原本的数值上进行计算和修改的，不会消耗额外的内存。而其等价式的实质是（以加法赋值运算符为例）先计算 a+b 并给其分配一个存储空间，然后再赋值给 a，这样做会消耗额外且不必要的存储空间和运算时间。因此，更加推荐使用赋值运算符
减法赋值运算符	-=	a -= b 等价于 a = a - b	
乘法赋值运算符	*=	a *= b 等价于 a = a * b	
除法赋值运算符	/=	a /= b 等价于 a = a / b	
乘方赋值运算符	**=	a **= b 等价于 a = a ** b	
整除赋值运算符	//=	a //= b 等价于 a = a // b	
取余赋值运算符	%=	a %= b 等价于 a = a % b	
海象运算符	:=	a := 1 等价于声明定义 a 并赋值	可以简化代码，提高效率

4. 位运算符

位运算是对数字的一种运算，其本质是将十进制数转化为二进制数进行操作，所谓的"位"就是二进制 0、1 数字串中 0 和 1 的位置的变化。位运算符见表 2.4。

表 2.4　位运算符

名称	符号	描述	简单示例	备注
按位与运算符	&	二进制数相应位置都为 1，则为 1；否则为 0	print(2&3)　#2	对两个数字进行操作
按位或运算符	|	二进制数相应位置都为 0，则为 0；否则为 1	print(2|3)　#3	
按位异或运算符	^	二进制数相应位置不同，则为 1；否则为 0	print(2^3)　#1	
按位取反运算符	~	二进制数相应位置 0 变 1，1 变 0，即~n=-n-1（相反数减 1）	print(~2)　#-3	对单个数字进行操作
左移运算符	<<	二进制数各位左移，即 n<<m=n*2**m（乘以 2 的 m 次方）	print(2<<2) #8	
右移运算符	>>	二进制数各位右移，即 n>>m=n//(2**m)（除以 2 的 n 次方后向下取整）	print(2>>2) #0	

5. 逻辑运算符

逻辑运算符与数学中的"且""或""非"十分类似，见表 2.5。其返回值一般为布尔值。当操作对象是具体的数字时，返回值是具体的数。若逻辑运算符 and 第一个数判断为 False，则返回第一个数；否则返回第二个数（无论第二个数是 True 还是 False）。若逻辑运算符 or 第一个数判断为 True，则返回第一个数；否则返回第二个数（无论第二个数是 True 还是 False）。例如 print(1 and 0) 的输出结果为 0，而在 print(not(1 and 0)) 中，输出结果为 True，因为 1 and 0 用括号括起来了，代表一个整体。

表 2.5　逻辑运算符

名称	符号	描述	备注
布尔与	and	同时为 True，则返回 True；否则返回 False	对两个对象进行操作
布尔或	or	同时为 False，则返回 False；否则返回 True	
布尔非	not	若为 True，则返回 False；若为 False，则返回 True	对单个对象（或者一个整体）进行操作

6. 成员运算符

所谓成员运算符就是判断一个元素是否在一个序列中。这个序列可以是数组、字符串、列表、集合、元组、字典（判断是否存在键）等，见表 2.6。

表 2.6　成员运算符

符号	描述	简单示例	备注
in	如果该元素在序列中，则返回 True；否则返回 False	print('1' in '123')　　#True	
not in	如果该元素在序列中，则返回 False；否则返回 True	print('1' not in '123')　#False	in 在 not 的后面

7. 身份运算符

身份运算符用于比较两个对象的存储单元，而不是比较两个对象的类型或值，见表 2.7。例如 print([] is [])创建了两个列表，它们的存储单元是不一样的，所以输出为 False。

表 2.7　身份运算符

符号	描述	简单示例	备注
is	判断两个对象的标识符是否引用自一个对象，若是则返回 True，否则返回 False。a is b 等价于 id(a) == id(b)	print(1 is 1.0)　　#False	
is not	判断两个对象的标识符是否引用自一个对象，若是则返回 False，否则返回 True。a is not b 等价于 id(a) != id(b)	print([] is not []) #True	is 在 not 的前面

表达式（Expression）：指将同类型的数据（如常量、变量、函数等）用运算符号按一定的规则连接起来的有意义的算式。

表达式的重要元素是数据和运算符号，具体介绍如下。

（1）数据：在 2.2.3 "基本数据类型"中已经详细介绍了 Python 中的常用数据类型，包括整型、浮点型、字符型等。

（2）运算符号：作为构成表达式的第二关键要素，运算符号同样有多种类型，如算术运算符、比较运算符、逻辑运算符等。

2.2.5　运算符的优先级

（1）算术运算符优先级最高，其中乘方运算（**）最高，其次是取余（%）、整除（//）、乘法（*）、除法（/），最后是加法（+）、减法（-）。

（2）位运算符其次，其中按位取反最高，其次是左移（<<）、右移（>>），然后是按位与（&）、按但或（|），最后是按位异或。

（3）比较运算符其次，比较运算符之间优先级相同。

（4）逻辑运算符其次，and 的优先级高于 or。

（5）赋值运算符优先级最低，各赋值运算符之间优先级相同。

运算符的优先级见表2.8。

表2.8　运算符的优先级

运算符类型	类型内优先级
算术运算符	乘方 > 取余、整除、乘法、除法 > 加法、减法
比较运算符	各运算符优先级相同
赋值运算符	各运算符优先级相同
位运算符	按位取反 > 左移、右移 > 按位与、按位或、按位异或
逻辑运算符	布尔与 > 布尔非 > 布尔或
成员运算符	各运算符优先级相同
身份运算符	各运算符优先级相同
总运算符优先级（从高到低）	乘方>取余、整除、乘法、除法>加法、减法>按位取反>左移、右移、按位与、按位或、按位异或>比较运算符>身份运算符>成员运算符>布尔与>布尔非>布尔或>赋值运算符

2.3　项 目 分 解

实例讲解关键字

任务1：实例讲解关键字

【任务代码01】查询 Python 包含的关键字。

先导入 import 关键字，再输出关键字列表 keyword.kwlist。

```
import keyword
print(keyword.kwlist)
```

代码运行结果：

```
['False', 'None', 'True', 'and', 'as', 'assert', 'async', 'await', 'break', 'class', 'continue', 'def', 'del', 'elif', 'else', 'except', 'finally', 'for', 'from', 'global', 'if', 'import', 'in', 'is', 'lambda', 'nonlocal', 'not', 'or', 'pass', 'raise', 'return', 'try', 'while', 'with', 'yield']
```

任务2：实例讲解整数和浮点数

实例讲解整数
和浮点数

定义整型数据和浮点型数据并查看类型。

（1）找到一个整数的二进制表示，查看其类型，再返回其长度。

（2）对不同变量进行不同的赋值，并查看其类型。

【任务代码02】（1）设置变量 a 并赋值为 2232，输出 bin(a)得到二进制表示，查看该数据的类型。

```
a = 2232
print(bin(a))
print(a, type(a))
print(a.bit_length())
```

代码运行结果：

```
0b100010111000
2232 <class 'int'>
12
```

（2）给变量 d1、d2、d3、d4、d5、d6 分别进行赋值，输出值与数据类型。

```
d1 = 10.8
print("d1Value: ", d1)
print("d1Type: ", type(d1))
d2 = 0.5684133556689
print("d2Value: ", d2)
print("d2Type: ", type(d2))
d3 = 345433188667761313.98137
print("d3Value: ", d3)
print("d3Type: ", type(d3))
d4 = 0.0000000000000000000000000009622
print("d4Value: ", d4)
print("d4Type: ", type(d4))
d5 = 21e3
print("d5Value: ", d5)
print("d5Type: ", type(d5))
d6 = 123.4 * 0.01
print("d6Value: ", d6)
print("d6Type: ", type(d6))
```

代码运行结果：

```
d1Value: 10.8
d1Type: <class 'float'>
d2Value: 0.5684133556689
d2Type: <class 'float'>
d3Value: 3.4543318866776134e+17
d3Type: <class 'float'>
d4Value: 9.622e-28
d4Type: <class 'float'>
d5Value: 21000.0
d5Type: <class 'float'>
d6Value: 1.234
d6Type: <class 'float'>
```

任务 3：浮点数运算误差详解

（1）浮点数运算出现误差的原因是什么？

（2）0.2 + 0.4 显示原始计算结果，7.77 除以 7 显示原始计算结果。

计算机用 0 和 1 来表示一个整数，浮点数在进行运算时，以电气与电子工程师协会（Institute of Electrical an Electronics Engineers，IEEE）发布的 IEEE 754 作为通用的浮点数运算标准，现在的 CPU 也都遵循这个标准进行设计。

IEEE 754 中定义了包括单精度（32 bit）、双精度（64 bit）和特殊值（无穷大、NaN）的表示方式等。

两种比较常见的浮点数运算误差处理方法：

（1）设定允许误差 ε（epsilon）。某些语言会提供所谓的 ε，用来判断是否在浮点误差的允许范围内。

（2）完全使用十进制进行计算。之所以会有浮点误差，是因为在十进制换转为二进制的过程中无法把所有的小数部分都放进尾数中，既然转换可能会有误差，那么不如直接用十进制来进行运算。

在 Python 中有一个模块称为 decimal，在 JavaScript 中也有类似的包。它可以帮助用户用十进制来进行计算。

【任务代码 03】

```
print(0.2 + 0.4)
print(7.77 / 7)
```

代码显示结果：

```
0.6000000000000001
1.1099999999999999
```

任务 4：实例讲解常用字符串函数的作用及其操作

实例讲解字符串

常用字符串函数包括 lstrip()、ljust(width[[],filch])、capitalize()、find(str[,start][,end])。

（1）lstrip()截取字符串左侧指定的字符，默认为空格。可以看出，写上截取参数后，空格就不会被截取掉了

（2）ljust(width[[],filch])返回一个指定宽度的左对齐字符串，filch 为填充字符，默认为空格。

（3）capitalize()首字母大写，其他小写。

（4）find(str[,start][,end])从左向右检测 str 字符串是否包含查找的字符串，可以指定范围。默认从头到尾，得到的是第一个出现的字符串的索引值，如果没有则返回-1。

【任务代码 04】

```
str1 = "            Oh great!"
str2 = "*****     Oh great!"
print(str1.lstrip())
print(str2.lstrip("*"))
str3 = "Oh great"
print(str3.ljust(40, "-"))
str4 = "it is so wonderful!"
print(str4.capitalize())
str5 = "it is so wonderful!"
print(str5.find("f"))
print(str5.find("a"))
```

代码运行结果：

```
Oh great!
     Oh great!
```

Oh great------------------------------
It is so wonderful!
15
-1

任务 5：实例讲解算术运算符和表达式

将 6、5 分别赋值给变量 a、b，对变量 a、b 做各类算数运算并输出。

【任务代码 05】Python 中的算数运算包括加、减、乘、除、整除运算、乘方（幂）运算、取余运算。

```
a = 6
b = 5
print('a+b=', a + b)        #加法运算
print('a-b=', a - b)        #减法运算
print('a*b=', a * b)        #乘法运算
print('a/b=', a / b)        #除法运算
print('a//b=', a // b)      #整除运算
print('a**b=', a ** b)      #乘方运算
print('a%b=', a % b)        #取余运算
```

实例讲解算术运算符、比较运算符和表达式

代码运行结果：

```
a+b= 11
a-b= 1
a*b= 30
a/b= 1.2
a//b= 1
a**b= 7776
a%b= 1
```

任务 6：实例讲解比较运算符和表达式

（1）把 3、7 分别赋值给 a、b，比较 1-a 与 b、2-a 与 b、3-a 与 b、4-a 与 b、5-a 与 b。
（2）修改变量 a 和 b 的值，将 7、4 分别赋值给 a、b，比较 6-a 与 b、7-a 与 b。

【任务代码 06】

```
a = 3
b = 7
if a == b:
    print("1 - a 等于 b")
else:
    print("1 - a 不等于 b")
if a != b:
    print("2 - a 不等于 b")
else:
    print("2 - a 等于 b")
if a != b:
    print("3 - a 不等于 b")
else:
```

```
        print("3 - a  等于  b")
    if a < b:
        print("4 - a  小于  b")
    else:
        print("4 - a  大于等于  b")
    if a > b:
        print("5 - a  大于  b")
    else:
        print("5 - a  小于等于  b")
    #修改变量  a  和  b  的值
    a = 7
    b = 4
    if a <= b:
        print("6 - a  小于等于  b")
    else:
        print("6 - a  大于  b")
    if a >= b:
        print("7 - b  大于等于  a")
    else:
        print("7 - b  小于  a")
```

代码运行结果：

```
1 - a  不等于  b
2 - a  不等于  b
3 - a  不等于  b
4 - a  小于  b
5 - a  小于等于  b
6 - a  大于  b
7 - b  小于  a
```

任务 7：实例讲解赋值运算符和表达式

将 15，4 分别赋值给变量 a、b，使用不同的赋值运算符及表达式求变量 s。

【任务代码 07】赋值运算符主要用于赋值操作，用于为对象赋值。

简单赋值运算符=：s = a + b 将 a + b 的运算结果赋值为 s

加法赋值运算符+=：s += a 等价于 s = s + a

减法赋值运算符-=：s -= a 等价于 s = s - a

乘法赋值运算符*=：s *= a 等价于 s = s * a

除法赋值运算符/=：s /= a 等价于 s = s / a

取余赋值运算符%=：s %= a 等价于 s = s % a

幂赋值运算符**=：s **= a 等价于 s = s ** a

整除赋值运算符//=：s //= a 等价于 s = s // a

实例讲解赋值运算
符、逻辑运算符及表
达式和布尔值运算

```
a = 15
b = 4
s = a + b
print('s=a+b  的值为：', s)
```

```
s += a
print('s+=a 之 s 的值为：', s)
s *= a
print('s *= a 之 s 的值为：', s)
s /= a
print('s /= a 之 s 的值为：', s)
s %= a
print('s %= a 之 s 的值为：', s)
s **= a
print('s **= a 之 s 的值为：', s)
s //= a
print('s //= a 之 c 的值为：', s)
```

代码运行结果：

```
s=a+b 的值为：19
s+=a 之 s 的值为：34
s *= a 之 s 的值为：510
s /= a 之 s 的值为：34.0
s %= a 之 s 的值为：4.0
s **= a 之 s 的值为：1073741824.0
s //= a 之 s 的值为：71582788.0
```

任务 8：实例讲解逻辑运算符和表达式

假设 a=15，b=10，请判断并输出：

（1）a>b and a<b。

（2）a>b or a<b。

（3）not a<b。

【任务代码 08】如果 a>b 和 a<b 都是 True，那么结果为 True；否则为 False。

如果 a>b 或 a<b 至少有一个是 True，那么结果为 True；否则为 False。

反转操作，如果 a<b，那么结果为 False；否则为 True。

```
a=15
b=10
print(a>b and a<b)
print(a>b or a<b)
print(not a<b)
```

代码运行结果：

```
False
True
True
```

任务 9：实例讲解运算符的优先级

分析 print([] or 'a'and 'd')最终输出结果为什么是 d。

实例讲解运算符的优先级

【任务代码 09】优先级 and 大于 or，所以先计算 and，具体操作如下。

（1）先计算'a' and 'd'，'a'是 True，则结果取决于'd'，因此返回'd'。

（2）再计算[] or 'd'，[]是 False，则结果取决于'd'，因此返回'd'。

（3）最后打印：d。

2.4 项 目 总 结

本项目通过 9 个任务的学习，理解了 Python 语法的基本概念，包括关键字和标识符、变量和常量、基本数据类型等，掌握并能使用不同的运算符进行运算，最后学习了运算符的优先级。在后续 Python 的学习中，我们需要注意以下几点：

（1）初始变化量。

（2）从第一列开始。

（3）缩进要一致。

（4）在函数调用时使用括号。

（5）表达式或路径不能在 import 时使用。

（6）C 语言代码不能写在 Python 中：

1）在 if 和 while 中进行条件测试时，不用输入括号，例如 if a == 1；

2）分号不能用来结束语句；

3）赋值语句不能嵌入 while 语句的条件测试中。在 Python 中，需要表达式的地方不能出现赋值语句，并且赋值语句不是一个表达式。

（7）打开文件的调用时不使用模块搜索路径。

（8）不同的数据类型对应不同的方法。

（9）不可变数据类型不能被直接改变。

（10）尽量使用简单的 for 语句。

2.5 习   题

一、选择题

1. 下面对常量的描述正确的是（   ）。

    A．常量的值不可以随时改变　　　　　　B．常量的值可以随时改变

    C．常量的值必须是数值　　　　　　　　D．常量不可以给变量赋值

2. 下列（   ）变量名是正确的。

    A．print　　　　　　　B．else　　　　　C．2_day　　　　D．Day_2

3. 在程序运行中，关于变量的说法正确的是（   ）。

    A．变量的名称是可以改变的　　　　　　B．变量的值是可以改变的

    C．变量的值必须是整数或实数　　　　　D．一个程序必须要有一个变量

4. 语句 print("Hello"+"World") 的结果是（   ）。

    A．Hello World　　　　　　　　　　　　B．HelloWorld

    C．"Hello + World"　　　　　　　　　　D．"Hello"+"World"

5．下面（　　）是布尔值。

　　A．"True"　　　　　B．"False"　　　　C．False　　　　D．"False"

6．下面值是整数的是（　　）。

　　A．"100"　　　　　B．10.99　　　　　C．-40　　　　　D．以上都不正确

7．语句 X_Y=input()表示（　　）。

　　A．输入一个值，赋值给变量 X_Y

　　B．输入两个值，分别赋值给变量 X 和 Y

　　C．输入一个变量，它的内容为 X-Y

　　D．以上都不正确

8．以下选项中不符合 Python 变量命名规则的是（　　）。

　　A．abc　　　　　　B．5_time　　　　C．_a123　　　　D．Bird

9．下列不属于 Python 的保留字是（　　）。

　　A．False　　　　　B．if　　　　　　C．static　　　　D．for

10．Python 中"="和"=="的区别是（　　）。

　　A．"="表示给一个变量赋值；"=="为比较运算符，用于比较 a、b 是否相符

　　B．"=="表示给一个变量赋值；"="为比较运算符，用于比较 a、b 是否相等

　　C．两种形式不能同时存在

　　D．两种形式都一样

二、编程题

猴子吃桃问题。猴子第一天摘下若干个桃子，当即吃了 2/3，还不过瘾，又多吃了 1 个；第二天早上又将剩下的桃子吃掉 2/3，又多吃了 1 个。以后每天早上都吃了前一天剩下的 2/3 加 1 个。到第五天早上想吃时，只剩下 1 个桃子。编写程序，求第一天共摘了多少个桃子？

项目 3　程序控制结构

- 了解程序控制结构的 3 种方式：顺序结构、选择结构、循环结构。
- 掌握顺序结构、选择结构、循环结构的逻辑结构。
- 熟练掌握选择结构 if、if-else、if-else-if 语句。
- 熟练掌握 for、while 循环语句。

- 培养学生耐心细致、严谨踏实、精益求精的工作作风，养成良好的职业素养。
- 培养学生遵纪守法的意识，正确使用所学技术。
- 培养学生安全编程的意识，养成严格、完备的代码测试习惯。

3.1　项　目　引　导

程序控制方式是指在程序控制下进行的数据传递方式。程序控制结构是指以某种顺序执行的一系列动作，用于解决某个问题。理论和实践证明，无论多复杂的算法均可通过顺序结构、选择结构、循环结构 3 种基本控制结构构造出来。每种结构仅有一个入口和出口。由这 3 种基本控制结构组成的多层嵌套程序称为结构化程序。

Python 程序具有 3 种典型的控制结构，如图 3.1 所示。

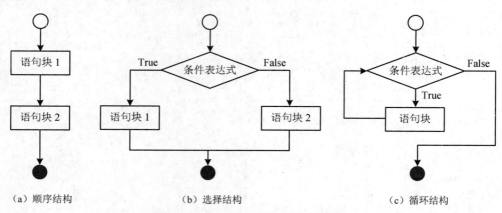

（a）顺序结构　　　　（b）选择结构　　　　（c）循环结构

图 3.1　Python 程序的 3 种控制结构

（1）顺序结构：在程序执行时，按照语句的顺序，从上往下，逐条地顺序执行，是结构化程序中最简单的结构。

（2）选择结构：又称分支结构，分支语句根据一定的条件决定执行哪一部分的语句序列。

（3）循环结构：使同一个语句块根据一定的条件执行若干次。采用循环结构可以实现有规律的重复计算处理。

3.2　技术准备

3.2.1　顺序结构

顺序结构是指按语句出现的先后顺序执行的程序结构，是结构化程序中最简单的结构。顺序结构中，Python 是用程序语句的自然排列顺序来表达的，计算机按此顺序逐条执行语句，当一条语句执行完毕后，控制自动转到下一条语句。

3.2.2　选择结构

选择结构又称分支结构。当程序执行到控制分支的语句时，首先判断条件，根据条件表达式的值选择相应的语句执行（放弃另一部分语句的执行）。分支结构包括单分支、双分支和多分支 3 种形式。

选择结构的案例

1. 单分支结构——if 语句

条件语句用来实现有条件地执行语句的功能。Python 的 if 语句的单分支结构如图 3.2 所示。流程图中的菱形框表示条件测试。if 语句内部虽然有两个分支，但总体只有一个出口。

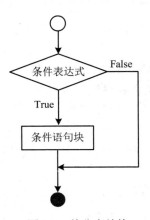

图 3.2　单分支结构

if 语句的表示方法如下：

```
if 条件表达式:        //<条件表达式>是布尔表达式
    条件语句块        //一条或多条语句组成的语句序列
```

条件表达式可以是一个单一的值或者变量，也可以是由运算符组成的复杂语句。如果表达式的值为真，则执行语句块；如果表达式的值为假，则跳过语句块，继续执行后面的语句。条件语句块的左端与 if 部分相比必须向右缩进，表明它是 if 部分的下属关系。

if 语句的语义理解：首先计算 if 后面的条件表达式，如果其值为 True，则控制转到条件语句块的第一条语句，一旦条件语句块执行完毕，控制即转到 if 语句的下一条语句；如果条件表达式的值为 False，则跳过条件语句块，控制直接转到 if 语句的下一条语句。

if 语句中相关的操作运算符在程序编码中经常应用，见表 3.1。

表 3.1　if 中常用的操作运算符

操作符	描述
<	小于
<=	小于或等于
>	大于
>=	大于或等于
==	等于，比较两个值是否相等
!=	不等于

【例 3.1】比较年龄差距。

```
a,b,c = 20,35,0
if   a>b:
   c= a-b
   print("两个年龄的差距为：",c)
if   a<b:
   c=b-a
   print("两个年龄的差距为：",c)
```

代码运行结果：

```
两个年龄的差距为：15
```

从运行结果可以看到，由于变量 a 小于 b，所以对应的第一个 if 内的语句没有被执行。

2. 双分支结构——if-else 语句

if-else 语句是选择语句的一种通用形式，通常表现为"如果满足某种条件，则进行某种处理，否则进行另一种处理"。根据条件表达式计算结果的不同（True 或 False），分别执行两个不同的语句序列，这时可以使用具有两个分支的条件语句形式，如图 3.3 所示。

if-else 语句的表示方法如下：

```
if 条件表达式:
    语句块 1
else
    语句块 2
```

条件表达式可以是一个单一的值或者变量，也可以是由运算符组成的复杂语句。如果表达式的值为真，则执行语句块 1；如果表达式的值为假，则执行语句块 2。

if-else 语句的语义理解：首先计算条件表达式的值，如果结果为 True，则执行语句块 1；如果结果为 False，则执行语句块 2。无论是哪种情况，语句块执行完毕之后，控制都转到 if-else 语句的下一条语句。在使用双分支的 if 语句时要注意：if 部分和 else 部分必须与一对非此即彼的条件相对应，一个条件为真则另一个条件必为假，反之亦然。

需要注意的是，else 不能单独使用，必须和 if 一起使用。

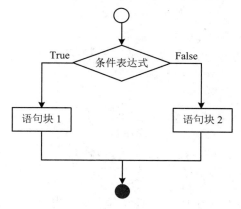

图 3.3 双分支结构

【**例 3.2**】使用 if-else 语句判断变量取值并输入对应结果。

```
flag = 0
name = 'height'
if name == 'weight':          #判断变量是否为'weight'
    flag = 1                  #条件成立时设置标志为真
    print (weight)           #并输出 weight
 else:
    print (name)             #条件不成立时输出变量名称
```

代码运行结果：

```
height              #输出结果
```

3. 多分支结构——if-elif-else 语句

Python 中多分支结构的控制结构是 if-elif-else 语句。它主要用于针对某一事件的多种情况进行处理，通常表现为"如果满足某种条件，则进行某种处理，否则如果满足另一种条件，则执行另一种处理"，如图 3.4 所示。

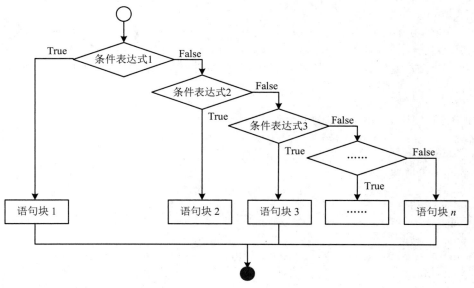

图 3.4 多分支结构

if-elif-else 语句的表示方法如下：

```
if 条件表达式 1:
    语句块 1
elif 条件表达式 2:
    语句块 2
        ...
elif 条件表达式 n:
    语句块 n
else:
    其他语句块
```

其中，条件表达式可以是一个单一的值或者变量，也可以是由运算符组成的复杂语句。如果条件表达式 1 的值为真，则执行语句块 1，如果条件表达式 1 的值为假，则进入 elif 的判断，依此类推，只有在所有表达式都为假的情况下，才会执行 else 中的语句。换言之，if-elif-else 语句的语义理解：顺序计算每一个条件表达式，找到第一个为 True 的条件，然后执行其下方缩进的语句块，执行完毕再将控制转到整个 if-elif-else 语句的下一条语句；如果所有条件表达式的值都是 False，则执行 else 下方缩进的语句块。可见，这种形式的条件语句实现了 $n+1$ 个分支。另外，else 子句是可选的，但要注意的是，如果省略 else 子句，则整个语句就可能没有符合条件的分支了，从而不执行任何语句块。另外，可嵌套 if 语句把 if-elif-else 结构放在另外一个 if-elif-else 结构中，格式如下。

```
if 条件表达式 1:
    语句块 1
    if 条件表达式 2:
        语句块 2
    elif 条件表达式 3:
        语句块 3
    else:
        语句块 4
elif 条件表达式 4:
    语句块 5
else:
    语句块 6
```

【例 3.3】使用 if-elif-if 语句判断健康等级。

```
num =6
if num == 5:                    #判断 num 的值
    print 'health'
elif num ==4:
    print(weak)
elif num == 1:
    print(strong)
elif num < 0:                   #值小于 0 时输出
    print(error)
else:
    print(noman)                #条件均不成立时输出
```

代码运行结果：

```
noman          #输出结果
```

注意：（1）elif 和 else 都不能单独使用，必须和 if 一起使用。

（2）每个条件表达式后面要使用冒号，表示接下来是满足条件后要执行的语句块。

（3）使用缩进来划分语句块，相同缩进数的语句在一起组成一个语句块。

（4）在 Python 中没有 switch-case 语句。

3.2.3 循环结构

循环结构案例

采用循环结构可以实现有规律的重复计算处理。当程序执行到循环控制语句时，根据循环判定条件对一组语句重复执行多次。循环结构可以看成是一个条件判断语句和一个回转语句的组合，当条件成立时执行回转语句，当条件不成立时不执行回转语句并跳出循环。

循环结构的三要素：循环变量、循环体和循环终止条件。循环结构流程图的判断框（菱形）中是条件表达式，两个出口分别对应条件成立和条件不成立时所执行的不同指令，其中一个要指向循环体，然后再从循环体回到判断框的入口处，如图 3.5 所示。

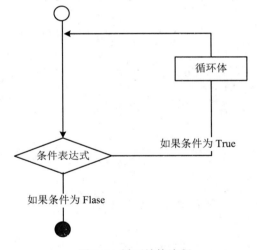

图 3.5　循环结构流程

在 Python 中我们主要学习 while、for 两种语句，while 语句和 for 语句均是先判断表达式，后执行循环体。特别要注意在循环体内，两种语句者应包含趋于结束的语句（即循环变量值的改变），否则就可能形成一个死循环，这是初学者的一个常见错误。

注意：这两种语句都可以用 break 语句跳出循环。

1. while 语句

Python 中 while 语句是用一个表达式来控制循环的语句，它的一般格式如下：

```
While 条件表达式：
        语句块
```

当判断条件的返回值为 True 时，执行语句块（或称循环体），然后重新判断条件的返回值，直到判断条件的返回值为 False 时，退出循环，具体执行流程如图 3.6 所示。

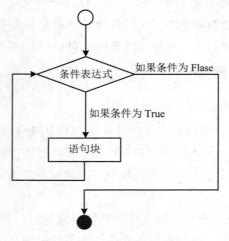

图 3.6　while 语句执行流程

只要满足 while 判断条件的值是 True，则循环会一直进行下去。

【例 3.4】无限循环。

```
var = 1
while var == 1:    #表达式永远为 True
    num = int(input("输入一个数字："))
    print("你输入的数字是：", num)
print("Good bye!")
```

代码运行结果：

```
输入一个数字：5
你输入的数字是：5
输入一个数字：
```

注意：可以使用 Ctrl+C 组合键来退出当前的无限循环。

2．for 语句

for 语句是最常用的循环语句，一般用在循环次数已知的情况下。Python 的 for 语句的一般格式如下：

```
for 循环变量 in 遍历对象:
    语句块
```

for 语句中循环变量用于保存读取出的值；遍历对象为要遍历或迭代的对象，该对象可以是任何有序的序列对象，如字符串、列表和元组等；被执行的语句块也称循环体。for 语句具体执行流程如图 3.7 所示。

如果需要遍历数字序列，则可以使用内置 range() 函数，它会生成数列。range() 函数以指定数字开始并指定不同的增量。

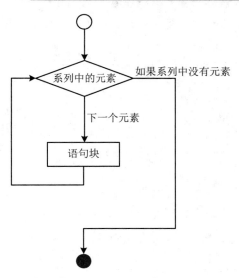

图 3.7　for 语句执行流程

【例 3.5】认识 range()函数。

```
for i in range(5):
    print(i) ;
for i in range(5,9):
    print(i) ;
for i in range(0, 10, 3):
    print(i) ;
for i in range(-10, -100, -30):
    print(i);
```

代码运行结果：

```
0
1
2
3
4
5
6
7
8
0
3
6
9
-10
-40
-70
```

3. 循环嵌套

循环嵌套就是在一个循环体内又包含另一个完整的循环体，而在这个完整的循环体内还可以嵌套其他的循环体。循环嵌套很复杂，在 for 语句、while 语句中都可以嵌套，并且在它们之间也可以相互嵌套。

（1）在 while 语句中嵌套 while 语句的格式如下：

```
while  条件表达式 1:
    while  条件表达式 2:
        语句块 2
    语句块 1
```

（2）在 for 语句中嵌套 for 语句的格式如下：

```
for  循环变量 1 in  遍历对象 1:
    for  循环变量 2 in  遍历对象 2:
        语句块 2
    语句块 1
```

（3）在 while 语句中嵌套 for 语句的格式如下：

```
while  条件表达式:
    for  循环变量  in  遍历对象:
        语句块 2
    语句块 1
```

（4）在 for 语句中嵌套 while 语句的格式如下：

```
for  循环变量  in  遍历对象:
    while  条件表达式:
        语句块 2
    语句块 1
```

4．break 和 continue 语句

（1）break 语句。break 语句可以用在 for、while 语句中，用于强行终止循环。只要程序执行到 break 语句，就会终止循环体的执行，即使循环条件没有达到 False 或者序列还没被完全递归完，也会停止执行循环语句。如果使用循环嵌套，那么 break 语句将跳出当前的循环体。在某些场景中，如果需要在某种条件出现时强行中止循环，而不是等到循环条件为 False 时才退出循环，则可以使用 break 语句来完成这个功能。

break 语句执行流程如图 3.8 所示。

在 while 语句中使用 break 语句的格式如下：

```
while  条件表达式 1:
    语句块 1
    if  条件表达式 2:
        break
```

【例 3.6】使用 break 语句跳出 while 循环。

```
n = 10
while n > 0:
    n -= 2
    if n == 2:
        break
    print(n)
print('循环结束')
```

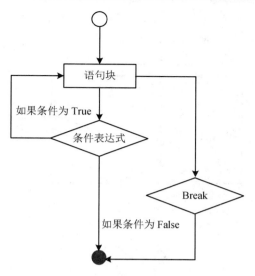

图 3.8　break 语句执行流程

代码运行结果：

```
8
6
4
循环结束
```

在 for 语句中使用 break 语句的格式如下：

```
for 循环变量 in 遍历对象:
    if 条件表达式:
        break
```

【例 3.7】使用 break 语句跳出 for 循环。

```
sites = ["Baidu", "Jingdong","Meituan","Taobao"]
for site in sites:
    if site == "Meituan":
        print("美团!")
        break
    print("循环数据 " + site)
else:
    print("没有循环数据!")
print("完成循环!")
```

代码运行结果：

```
循环数据 Baidu
循环数据 Jingdong
美团!
完成循环!
```

（2）continue 语句。continue 语句和 break 语句不同，break 语句是跳出整个循环，而 continue 语句是跳出本次循环。也就是说，程序遇到 continue 语句后，会跳过当前循环的剩余语句，然后继续进行下一轮循环。continue 语句执行流程如图 3.9 所示。

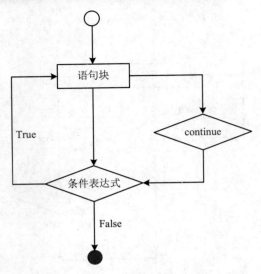

图 3.9　continue 语句执行流程

在 while 语句中使用 continue 语句的格式如下：

```
while  条件表达式 1:
    语句块
    if 条件表达式 2:
        continue
```

【例 3.8】使用 continue 语句跳出 while 语句的某次循环。

```
var = 10
while var > 0:
    var = var -1
    if var == 5:                    #变量为 5 时跳过输出
        continue
    print ('当前变量值 :', var)
print ("Good bye!")
```

代码执行结果：

```
当前变量值 : 9
当前变量值 : 8
当前变量值 : 7
当前变量值 : 6
当前变量值 : 4
当前变量值 : 3
当前变量值 : 2
当前变量值 : 1
当前变量值 : 0
Good bye!
```

在 for 语句中使用 continue 语句的格式如下：

```
for 循环变量  in 遍历对象:
    if 条件表达式:
        continue
```

【例 3.9】使用 continue 语句跳出 for 语句的某次循环。

```
for letter in 'Runoob':     #第一个实例
    if letter == 'o':       #字母为 o 时跳过输出
        continue
    print ('当前字母 :', letter)
print ("Good bye!")
```

代码执行结果：

```
当前字母 : R
当前字母 : u
当前字母 : n
当前字母 : b
Good bye!
```

3.3　项 目 分 解

任务 1：实例讲解 if-else 语句

实例讲解
if-else 语句

生活在大城市的人们，工作节奏快，不少年轻人对身体健康也越来越重视。通过血压、血糖、视力等基础指标可以判断人的基础健康状况。

正常的血压是血液循环流动的前提，血压在多种因素调节下保持正常，从而提供各组织器官足够的血量，以维持正常的新陈代谢。根据 1999 年世界卫生组织国际高血压学会治疗指南，高血压诊断标准是收缩压≤140mmHg，舒张压≥90mmHg。

【任务代码 01】辨别是否为高血压。

```
BP= int (input ("请输入你的收缩压数值："))
print(" ")
if   BP <= 140 :
        print ("你的收缩压正常!")
else :
        print ("你的收缩压偏高，请您关注血压!")
```

代码运行结果：

```
请输入你的收缩压数值：150
你的收缩压偏高，请您关注血压！
```

任务 2：实例讲解 if-elif-else 语句

实例讲解 if-elif-else
语句

血糖正常值是指人空腹的时候血糖值在 3.9～6.1mmol/L，血糖值对于治疗疾病和观察疾病都具有指导意义。糖尿病的诊断主要是通过血糖测定来判断的，即正常人空腹血糖（Fasting Blood Glucose，FBG）参考值。糖尿病患者的空腹血糖参考值：轻度糖尿病 7.0～8.4 mmol/L；中度糖尿病 8.4～11.1 mmol/L；重度糖尿病大于 11.1mmol/L。

【任务代码 02】判断糖尿病等级。

```
bg=   float(input ("请输入你的血糖数值："))
print("")
```

```
if bg <= 7 :
    print ("你的空腹血糖值正常!")
elif bg>7 and bg<8.4:
    print ("你已达到轻微糖尿病范围，请您关注健康!")
elif bg>=8.4 and bg<11.1:
    print ("你已达到中度糖尿病范围，请您关注健康!")
else:
    print ("你已达到重度糖尿病范围，请您关注健康!")
```

代码运行结果：

请输入你的血糖数值：9.5
你已达到中度糖尿病范围，请您关注健康！

实例讲解 if
嵌套语句

任务 3：实例讲解 if 嵌套语句

表 3.2 为中国人的平均正常标准血压参考值。

表 3.2　中国人的平均正常标准血压参考值

年龄/岁	收缩压（男）/mmHg	舒张压（男）/mmHg	收缩压（女）/mmHg	舒张压（女）/mmHg
16～20	115	73	110	70
21～25	115	73	110	71
26～30	115	75	112	73
31～35	117	76	114	74
36～40	120	80	116	77
41～45	124	81	122	78
46～50	128	82	128	79
51～55	134	84	134	80
56～60	137	84	139	82
61～65	148	86	145	83

【任务代码 03】测试分年龄段血压。

用 if 嵌套语句实现判断中国人 16～20 岁年龄段的标准血压数值。

```
#! /usr/bin/python3
age=int(input("请你输入你的年龄："))
sex=str (input("请输入你的性别："))
bp1= int(input("请你输入收缩压数值："))
bp2= int(input("请你输入舒张压数值："))
if age>=16 and age< 20:
    if sex=='男':
        if  bp1<115 and bp2< 73:
            print ("你的收缩压和舒张压均偏低")
        elif  bp1>115 and bp2>73:
            print ("你的收缩压和舒张压均偏高")
        elif  bp1>115 and bp2<73:
            print ("你的收缩压偏高，舒张压偏低")
```

```
        elif   bp1<115 and bp2>73:
            print ("你的收缩压偏低，舒张压偏高")
        else:
            print ("你的收缩压和舒张压均正常")
    else :
        if   bp1<110 and bp2<70:
            print ("你的收缩压和舒张压均偏低")
        elif    bp1>110 and bp2>70:
            print ("你的收缩压和舒张压均偏高")
        elif   bp1>110 and bp2<70:
            print ("你的收缩压偏高，舒张压偏低")
        elif   bp1<110 and bp2>70:
            print ("你的收缩压偏低，舒张压偏高")
        else:
            print ("你的收缩压和舒张压均正常")
```

代码运行结果：

请你输入你的年龄：17
请输入你的性别：男
请你输入收缩压数值：156
请你输入舒张压数值：65
你的收缩压偏高，舒张压偏低

注意：其他年龄段的血压判定数值可参考任务 3 自行尝试编写。

任务 4：实例讲解 while 语句

实例讲解 while 语句

【任务代码 04】 求出 1～1000 所有整数的和。

```
n = 1000
sum = 0
counter = 1
while counter <= n:
    sum = sum + counter
    counter += 1
print("1 到 %d 之和为：%d" % (n, sum))
```

代码运行结果：

1 到 1000 之和为：500500

任务 5：实例讲解 for 语句

实例讲解 for 语句

【任务代码 05】 求出 0～1000 所有整数的和。

```
sum=0
for n in range(1,1001):     #range(0,1001)用于生成 0～1001（不包括 1001）的整数
    sum+=n
print("1 到 1000 的整数和是：",sum)
```

代码运行结果：

1 到 1000 的整数和是：500500

任务 6：实例讲解循环嵌套

实例讲解循环嵌套

【**任务代码 06-1**】分别计算平均成绩。分别输入两名学生的 3 门课程的成绩，并分别计算他们的平均成绩。

```
j = 1                              #定义外部循环计数器初始值
while j <= 2:                       #定义外部循环为执行两次
    sum = 0                        #定义成绩初始值
    i = 1                          #定义内部循环计数器初始值
    name = input('请输入学生姓名：')    #接收用户输入的学生姓名，赋值给 name 变量
    while i <= 3:                  #定义内部函数循环 3 次，就是接收 3 门课程的成绩
        print('请输入第%d 门的考试成绩：'%i)   #提示用户输入成绩
        sum = sum + int(input())               #接收用户输入的成绩，赋值给 sum
        i+= 1   #i 变量自增 1，i 变为 2，继续执行循环，直到 i 等于 4 时跳出循环
        avg = sum / (i-1)                      #计算学生的平均成绩，赋值给 avg
        print(name,'的平均成绩是%d\n'%avg)      #输出学生成绩的平均值
    j = j + 1   #内部循环执行完毕后，外部循环计数器 j 自增 1，变为 2，再进行外部循环
print('学生成绩输入完成！')
```

代码运行结果：
请输入学生姓名：张三
请输入第 1 门的考试成绩：
89
张三的平均成绩是 89
请输入第 2 门的考试成绩：
67
张三的平均成绩是 78
请输入第 3 门的考试成绩：
56
张三的平均成绩是 70
请输入学生姓名：李四
请输入第 1 门的考试成绩：
90
李四的平均成绩是 90
请输入第 2 门的考试成绩：
93
李四的平均成绩是 91
请输入第 3 门的考试成绩：
98
李四的平均成绩是 93
学生成绩输入完成！

【**任务代码 06-2**】打印九九乘法表。
```
for i in range(1, 10):
    for j in range(1, i+1):
        print('{}×{}={}\t'.format(j, i, i*j), end='')
    print()
```

代码运行结果：

```
1×1=1
1×2=2    2×2=4
1×3=3    2×3=6    3×3=9
1×4=4    2×4=8    3×4=12   4×4=16
1×5=5    2×5=10   3×5=15   4×5=20   5×5=25
1×6=6    2×6=12   3×6=18   4×6=24   5×6=30   6×6=36
1×7=7    2×7=14   3×7=21   4×7=28   5×7=35   6×7=42   7×7=49
1×8=8    2×8=16   3×8=24   4×8=32   5×8=40   6×8=48   7×8=56   8×8=64
1×9=9    2×9=18   3×9=27   4×9=36   5×9=45   6×9=54   7×9=63   8×9=72   9×9=81
```

任务 7：实例讲解 break 语句和 continue 语句

【任务代码 07】计算 0～100 的所有奇数的和。

```python
sum = 0
x = 0
while True:
    x = x + 1
    if x>100:
        break
    if x % 2 == 0:
        continue
    sum += x
print(sum)
```

实例讲解 break 语句
和 continue 语句

代码运行结果：

```
2500
```

任务 8：实例讲解 pass 语句

Python 中 pass 语句是空语句，作用是保持程序结构的完整性。pass 语句不做任何事情，一般用作占位语句。

实例讲解 pass 语句

【任务代码 08】pass 语句应用。

```python
#!/usr/bin/python3
for letter in 'Runoob':
    if letter == 'o':
        pass
        print('执行 pass 块')
    print('当前字母：', letter)
print("Good bye!")
```

代码运行结果：

```
当前字母：R
当前字母：u
当前字母：n
执行 pass 块
当前字母：o
执行 pass 块
```

当前字母：o
当前字母：b
Good bye!

任务 9：猜字谜游戏

猜字谜游戏

猜字谜是一种两人可以参与的简单小游戏：两人事先约定好数字范围，由其中一人随机设置一个数字记录在纸上作为谜底，另一人可多次猜测，若猜测的数字较小，则设置谜底的人给出提示"很遗憾，猜小了"；若猜测的数字较大，则给出提示"很遗憾，猜大了"。猜字谜的人根据提示继续猜测，直到猜到谜底时游戏结束。

假定让系统随机生成一个 1～20 的数字，有 3 次机会猜这个数是多少。如果 3 次机会都没有猜对，则输出"猜字谜游戏结束了"。该程序使用了随机数模块中的 randint()函数，randint()函数的功能是生成指定范围内的随机整数。程序利用 randint()函数模拟玩家设置谜底，并在 for 语句中模拟玩家猜测谜底。

【任务代码 09】猜字谜游戏。

```
import random
x=random.randint(1,20)
for i in range (1,4):
        m=eval(input("请输入一个整数："))
        if x == m:
            print ("恭喜你，猜对了")
            break
        elif m < x :
            print("很遗憾，你猜小了")
        else:
            print("很遗憾，你猜大了")
        if i==3:
            print("猜字谜游戏结束了")
```

其中一轮游戏代码的运行结果：

```
请输入一个整数：15
很遗憾，你猜大了
请输入一个整数：10
很遗憾，你猜小了
请输入一个整数：12
很遗憾，你猜小了
猜字谜游戏结束了
```

任务 10：利用蒙特卡罗方法计算圆周率

利用蒙特卡罗方法
计算圆周率

蒙特卡罗方法是一种计算方法，其原理是通过大量随机样本去了解一个系统，进而得到所要计算的值。它非常强大、灵活，又相当简单易懂，很容易实现。对于许多问题来说，蒙特卡罗方法往往是最简单的计算方法，有时甚至是唯一可行的方法。

这里介绍利用蒙特卡罗方法计算圆周率 π 的基本原理。如图 3.10 所示，假设有一个正方

形的边长是 $2r$，内部有一个相切的圆，圆的半径为 r，则它们的面积之比是 $\pi/4$，即用圆的面积（πr^2）除以正方形的面积（$4r^2$）。

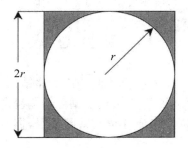

图 3.10　一个正方形和一个圆形

现在，如图 3.11 所示，在这个正方形内部，随机产生 10000 个点（即 10000 个坐标对 (x, y)），计算它们与中心点的距离，从而判断是否落在圆的内部。如果这些点均匀分布，那么圆内的点应该占所有点的 $\pi/4$。因此，将这个比值乘以 4，就是 π 的值。

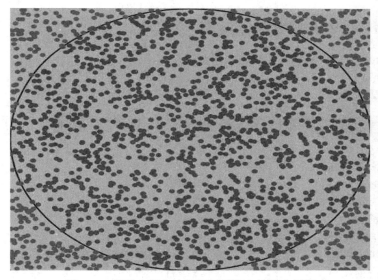

图 3.11　蒙特卡罗方法计算圆周率 π 的基本原理

【任务代码 10】蒙特卡罗方法计算圆周率。

```python
from random import random
n=10000
N=0
for i in range(1,n):
    x,y=random(),random()          #random()函数用于生成一个 0～1 之间的随机数
    dis=pow(x**2+y**2,0.5)          #pow(a,b)函数返回 a 的 b 次幂
    if dis<=1:
        N=N+1
pi=4*N/n
print("圆周率为{}".format(pi))
```

代码运行结果：

圆周率为 3.1436

那么随机产生的点的个数 n 的值越大，计算得到的圆周率的值越精确。

3.4 项 目 总 结

本项目主要介绍了程序控制的 3 种基本结构：顺序结构、选择结构、循环结构。选择结构包含单分支结构、双分支结构和多分支结构。循环结构包含 for 语句和 while 语句，应用时优先考虑 for 语句，循环中还可嵌套选择 if 语句共同使用。同时还介绍了 break 语句和 continue 语句在循环中的实际应用。

3.5 习 题

一、选择题

1. 若 k 为整数，则下列循环执行的次数为（　　）。

```
k=1000
while k>1:
    print(k)
    k=k/2
```

  A．9　　　　　　　　　　B．10　　　　　　　　C．11　　　　　　　　D．12

2. 以下程序的运行结果为（　　）。

```
balance = 20
while True:
    if balance <9:
        break
    balance -= 9
print("balance is %d" % balance)
```

  A．balance is 2　　　　　　　　　　　　B．balance is 7

  C．balance is 11　　　　　　　　　　　D．程序无限循环，无输出

3. 以下会输出 1、2、3 三个数字的代码是（　　）。

  A．for i in range(3)　　　　　　　　　B．for i in range (2):

      print(i)　　　　　　　　　　　　　　print(i+1)

  C．a_list=[0, 1, 2]　　　　　　　　　　D．while i<3:

    for i in a_list:　　　　　　　　　　　　print(i)

      print(i+1)　　　　　　　　　　　　　i+1

      i=1

二、填空题

1. 关键字_____用于测试一个对象是否是一个可迭代对象的元素。

2．Python 关键字 elif 表示_____和_____两个单词的缩写。

3．已知 x = {'a':'b', 'c':'d'}，那么表达式 'a' in x 的值为_____。

4．表达式 1<2<3 的值为_____。

5．表达式 3 and not 5 的值为_____。

6．Python 中用于表示逻辑与、逻辑或、逻辑非运算的关键字分别是 _____、 _____、
_____。

7．Python 语句 for i in range(3):print(i, end=',') 的输出结果为_____。

8．对于带有 else 子句的 for 语句和 while 语句，当循环因循环条件不成立而自动结束
时_____(会/不会) 执行 else 中的代码。

9．在循环语句中，_____语句的作用是提前结束本层循环。

10．表达式 5 if 5>6 else (6 if 3>2 else 5) 的值为_____。

三、编程题

用循环和列表推导式两种方法求解百钱买百鸡问题。假设大鸡 5 元一只，中鸡 3 元一只，
小鸡 1 元 3 只，现有 100 元想买 100 只鸡，有多少种买法？

项目 4　Python 序列类型

学习目标

- 掌握列表的概念及其常见操作。
- 掌握元组的使用。
- 掌握字典的创建、访问、修改、删除等操作。
- 掌握集合的创建与基本运算。

育人目标

- 培养学生认真严谨、好学不倦、重视思索和实践的精神。
- 培养学生解决 Python 中实际问题的能力，提高程序设计水平。
- 培养学生良好的学习能力、探索能力、创造能力。
- 培养学生严谨务实的分析问题与解决问题能力。
- 培养学生能够以坚韧和自信的精神对待问题，不畏困难，努力学习。

4.1　项目引导

在编程中不但要处理单个数据，还要处理多个数据。不同场景下对数据的保存方式和处理方式有不同的需求，Python 提供了多种数据结构来解决不同问题。在 Python 中，序列是最基本的数据结构。Python 中列表（List）、元组（Tuple）、字典（Dictionary）、集合（Set）、字符串（String）都属于序列（Sequence）。

在数学里，序列也称数列，是指按照一定顺序排列的一列数，而在程序设计中，序列是常用的数据存储方式，几乎每一种程序设计语言都提供了类似的数据结构。序列是一块用于存放多个值的连续内存空间，并且按一定顺序排列，每一个值（称为元素）都分配一个数字，称为索引或位置。通过该索引可以取出相应的值。例如，可以将一幢学生宿舍楼看作一个序列，那么这幢楼的每间宿舍都可以看做是这个序列的元素。宿舍号就相当于索引，可以通过宿舍号找到对应的宿舍。

本项目主要完成列表、元组、字典和集合 4 种常用数据结构的创建及其操作，使读者能够在编程中熟练使用这 4 种数据结构处理数据。

4.2 技 术 准 备

4.2.1 列表

列表（List）是一个能以序列形式保存任意数目的 Python 对象的数据结构。保存的 Python 对象称为列表的元素。在形式上，列表的所有元素都放在一对方括号（[]）中，两个相邻元素间使用逗号（,）分隔。在内容上，可以将整数、实数、字符串、列表、元组等任何类型的内容放入列表，并且同一个列表中，元素的类型可以不同。

1. 列表的创建和删除

（1）使用赋值运算符直接创建列表。创建列表时，可以使用赋值运算符（=）直接将一个列表赋值给变量，其语法格式如下：

```
listname=[元素 1,元素 2,元素 3,…,元素 n]
```

列表元素的数据类型和元素个数没有限制，只要是 Python 支持的数据类型都可以。例如，下面定义的列表都是合法的。

```
list1=[1,2,3]
list2=['aa','bb','cc']
list3=["语文","数学","英语"]
```

（2）创建空列表。在 Python 中，可以创建空列表，其语法格式如下：

```
listname=[]
```

（3）创建数值列表。在 Python 中，可以使用 list()函数直接将 range()函数循环出来的结果转换为列表，其语法格式如下：

```
list(date)
```

其中，**data** 表示可以转换为列表的数据，其类型可以是 range 对象、字符串、元组或其他可迭代类型的数据。

例如，创建一个 5～15 之间（不包括 15）所有奇数的列表，可以使用以下代码：

```
list(range(5,15,2))
```

代码运行后，将得到以下的列表：

```
[5,7,9,11,13]
```

（4）删除列表。对于已经创建的列表，可以使用 del 语句将其删除，语法格式如下：

```
del  列表名称
```

例如，创建一个列表，再用 del 语句将其删除，代码如下：

```
list1=[1,2,3]
del list1
```

2. 访问列表

列表的索引从 0 开始，可以使用 print()函数通过索引的方式来访问列表中的元素。

【例 4.1】使用 print()函数通过索引的方式访问列表元素。

```
list1=[1,2,'abc']
print(list1[0])
print(list1[1])
print(list1[2])
```

代码运行结果：

```
1
2
abc
```

如果输出整个列表，则可以直接使用 print() 函数，代码如下：

```
list1=[1,2,'abc']
print(list1)
```

代码运行结果：

```
[1,2,'abc']
```

3. 遍历列表

在 Python 中遍历列表的方法有很多种，为了更有效地访问列表中的每个数据，我们可以使用 for 语句和 while 语句进行遍历。

（1）使用 for 语句遍历列表。使用 for 语句遍历列表只需要将遍历的列表作为 for 语句表达式中的序列即可。其语法格式如下：

```
for item in listname:
    print(item)
```

其中，item 用于保存获取到的元素值；listname 为列表名称。

【例 4.2】定义一个列表，通过 for 语句来进行遍历。

```
listname= ["语文","数学","英语"]
for item in listname:
    print(item)
```

代码运行结果：

```
语文
数学
英语
```

（2）使用 while 语句遍历列表。在使用 while 语句遍历列表时，需要获取列表的长度，并将其作为循环条件。

【例 4.3】定义一个列表，通过 while 语句来进行遍历。

```
listname= ['Chinese','Math','English']
length=len(listname)
i=0
while i<length:
    print(listname[i])
    i+=1
```

代码运行结果：

```
Chinese
Math
English
```

4. 添加、查找、修改和删除列表元素

（1）添加元素。在列表中添加元素的方法有很多种。例如，可以使用 append()、extend()、insert() 函数向列表中添加元素。

1）通过 append() 函数向列表中添加元素。列表对象的 append() 函数用于在列表的末尾追加元素。

【例 4.4】定义一个包括 3 个元素的列表，然后用 append()函数向该列表的末尾添加一个元素。

```
listname= ["语文","数学","英语"]
listname.append("历史")
print(listname)
```

代码运行结果：

```
['语文', '数学', '英语', '历史']
```

2）通过 extend()函数向列表中添加元素。使用 extend()函数可以将一个列表中的全部元素添加到另外一个列表。

【例 4.5】定义两个列表，将第二个列表中的全部元素添加到第一个列表。

```
list1=[1,2,3]
list2=['aa','bb','cc']
list1.extend(list2)
print(list1)
```

代码运行结果：

```
[1, 2, 3, 'aa', 'bb', 'cc']
```

3）通过 insert()函数向列表中添加元素。使用 insert()函数可以在列表指定位置添加元素。

【例 4.6】定义一个列表，向其指定位置插入一个元素。

```
list1=[1,2,3]
list1.insert(2,10)
print(list1)
```

代码运行结果：

```
[1, 2, 10, 3]
```

这里是向列表中索引为 2 的位置插入元素 10。

（2）查找元素。在 Python 中，可以使用 in 关键字检查某个元素是否存在于列表中。

【例 4.7】定义一个列表，查找该列表是否包含某个元素。

```
listname= ["语文","数学","英语"]
print("英语" in listname)
```

代码运行结果：

```
True
```

这里显示 True，表示在列表中存在指定的元素；反之，则显示 False。

在 Python 中也可以使用 not in 检查某个元素是否不包含在指定的列表中。例如，在列表中使用 not in 检查元素是否不存在，代码如下：

```
listname= ["语文","数学","英语"]
print("物理" not in listname)
```

代码运行结果：

```
True
```

这里显示 True，表示在列表中不存在指定的元素；反之，则显示 False。

（3）修改元素。修改列表中的元素只需通过索引获取该元素，然后为其重新赋值即可。

【例 4.8】定义一个列表，修改索引值为 1 的元素。

```
list1=[1,2,3]
list1[1]=8
```

```
print(list1)
```

代码运行结果：

```
[1, 8, 3]
```

另外，Python 中支持两个列表相加操作，可以使用"+"运算符实现。例如，定义两个列表，进行相加操作，代码如下：

```
list1=[1,2,3]
list2=['aa','bb','cc']
print(list1+list2)
```

代码运行结果：

```
[1, 2, 3, 'aa', 'bb', 'cc']
```

（4）删除元素。在列表中删除元素有 3 种方法，具体如下。

1）使用 del 语句删除列表元素。使用 del 语句可以删除指定下标的列表元素。

【例 4.9】定义一个包括 3 个元素的列表，删除第一个元素。

```
listname= ["语文","数学","英语"]
del listname [0]                #根据索引值 0 删除列表的第一个元素
print(listname)
```

代码运行结果：

```
['数学', '英语']
```

2）使用 pop()函数删除列表元素。使用 pop()函数可以删除列表的最后一个元素。

【例 4.10】定义一个包括 3 个元素的列表，删除最后一个元素。

```
listname= ['Chinese','Math','English']
listname.pop()                  #删除列表的最后一个元素
print(listname)
```

代码运行结果：

```
['Chinese', 'Math']
```

3）使用 remove()函数删除列表元素。使用 remove()函数可以删除列表指定的元素。

【例 4.11】定义一个包括 3 个元素的列表，删除指定的一个元素。

```
listname= ["语文","数学","英语"]
listname.remove("数学")         #删除列表的指定元素
print(listname)
```

代码运行结果：

```
['语文', '英语']
```

5. 列表的统计

Python 的列表提供了一些内置函数来实现统计、计算方面的功能。

（1）获取指定元素出现的次数。使用列表对象的 count()函数可以获取指定元素在列表中出现的次数。

【例 4.12】定义一个列表，统计指定元素出现的次数。

```
listname= ["语文","数学","英语","语文","数学","英语"]
num=listname.count("英语")
print(num)
```

代码运行结果：

```
2
```

这里使用 count()函数在列表中统计元素"英语"出现的次数。

（2）获取指定元素首次出现的下标。使用列表对象的 index()函数可以获取指定元素在列表中首次出现的下标。

【例 4.13】定义一个列表，使用 index()函数获取指定元素在列表中首次出现的下标。

```
listname= ['Chinese','Math','English']
num=listname.index('Math')
print(num)
```

代码运行结果：

```
1
```

这里使用 index()函数在列表中统计元素"Math"在列表中首次出现的下标。

（3）统计数值列表的元素和。使用 sum()函数可以统计数值列表中各元素的和。

【例 4.14】定义一个数值列表，统计其各元素的和。

```
listname=[1,2,3,4,5,6,7,8,9,10]
num=sum(listname)
print(num)
```

代码运行结果：

```
55
```

这里使用 sum()函数统计数值列表中各元素的和。

（4）计算列表的长度、最大值和最小值。在 Python 中，提供了内置函数来计算列表的长度、最大值和最小值。

1）使用 len()函数计算列表的长度。使用 len()函数计算列表的长度，即返回列表包含多少个元素。

【例 4.15】定义一个列表，并计算其长度。

```
listname=[1,2,3,4,5,6,7,8,9,10]
print("列表的长度为： ",len(listname))
```

代码运行结果：

```
列表的长度为： 10
```

2）使用 max()函数计算列表中元素的最大值。使用 max()函数可以返回列表元素中的最大值。

【例 4.16】定义一个列表，并计算其最大元素。

```
listname=[1,2,3,4,5,6,7,8,9,10]
print("列表的最大元素为： ",max(listname))
```

代码运行结果：

```
列表的最大元素为： 10
```

3）使用 min()函数计算列表中元素的最小值。使用 min()函数可以返回列表元素中的最小值。

【例 4.17】定义一个列表，并计算其最小元素。

```
listname=[1,2,3,4,5,6,7,8,9,10]
print("列表的最小元素为： ",min(listname))
```

代码运行结果：

```
列表的最小元素为： 1
```

6. 列表的排序

在 Python 中，对列表中的元素进行重新排列可以使用 sort()函数或者 reverse()函数。其中，sort()函数是将列表中的元素按照特定的顺序进行排列，默认为由小到大。如果需要将列表中的元素由大到小排列，则可以将 sort()函数中的 reverse 参数的值设为 True。reverse()函数是将列表逆置。

【例 4.18】定义一个数值列表，对其进行逆置、升序和降序排列。

```
listname=[1,8,3,20,40,16,24,19,15,50]
listname.reverse()                      #逆置列表
print("逆置列表：",listname)
listname.sort()                         #升序排列
print("升序排列：",listname)
listname.sort(reverse = True)           #降序排列
print("降序排列：",listname)
```

代码运行结果：

```
逆置列表： [50, 15, 19, 24, 16, 40, 20, 3, 8, 1]
升序排列： [1, 3, 8, 15, 16, 19, 20, 24, 40, 50]
降序排列： [50, 40, 24, 20, 19, 16, 15, 8, 3, 1]
```

7. 列表的切片

切片操作可以访问列表中的元素，通过切片操作可以生成一个新的列表，其语法格式如下：

```
listname[start:end:step]
```

其中，start 表示切片的开始位置（包括该位置），如果不指定，则默认为 0；end 表示切片的截止位置（不包括该位置），如果不指定，则默认为列表的长度；step 表示切片的步长，如果省略，则默认为 1，当省略该步长时，最后一个冒号也可以省略。

【例 4.19】定义一个列表，对其进行切片操作。

```
listname=[1,8,3,20,40,16,24,19,15,50]
print(listname[2:5])        #获取第 3 个到第 5 个元素
print(listname[0:7:3])      #获取第 1 个、第 4 个和第 7 个元素
```

代码运行结果：

```
[3, 20, 40]
[1, 20, 24]
```

4.2.2　元组

元组（Tuple）与列表类似，也是由一系列按特定顺序排列的元素组成的，不同之处在于元组的元素不能修改，可以称之为不可变的列表。元组的所有元素都放在一对圆括号中，两个相邻元素间使用","分隔。可以将整数、实数、字符串、列表、元组等任何类型的内容放入元组，并且在同一个元组中，元素的类型可以不同。一般情况下，元组用于保存程序中不可修改的内容。

1. 元组的创建和删除

（1）使用赋值运算符直接创建元组。创建元组时，可以使用赋值运算符（=）直接将一个元组赋值给变量，其语法格式如下：

```
tuplename=(元素 1,元素 2,元素 3,…,元素 n)
```

　　和列表一样，元组元素的数据类型和元素个数没有限制，只要是 Python 支持的数据类型都可以。例如，下面定义的元组都是合法的。

```
tuple1=(4,5,6)
tuple2=('dd','ee','ff')
tuple3=("物理","化学","生物")
```

　　（2）创建空元组。在 Python 中，可以创建空元组，其语法格式如下：

```
tuplename=()
```

空元组可以用于为函数传递一个空值或者返回空值。

　　（3）创建数值元组。在 Python 中，可以使用 tuple() 函数直接将 range() 函数循环出来的结果转换为元组，其语法格式如下：

```
tuple(data)
```

其中，data 表示可以转换为元组的数据，其类型可以是 range 对象、字符串、元组或其他可迭代类型的数据。

　　例如，创建一个 5～15 之间（不包括 15）所有奇数的元组，可以使用以下代码：

```
tuple(range(5,15,2))
```

代码运行结果：

```
(5,7,9,11,13)
```

　　（4）删除元组。对于已经创建的元组，可以使用 del 语句将其删除，语法格式如下：

```
del 元组名称
```

例如，创建一个元组，用 del 语句将其删除，代码如下：

```
tuple1=(4,5,6)
del tuple1
```

2. 访问元组

元组的索引也是从 0 开始的，可以使用 print() 函数通过索引的方式来访问元组中的元素。

【例 4.20】使用 print() 函数通过索引的方式来访问元组中的元素。

```
tuple1=(4,5,6)
print(tuple1[0])
print(tuple1[1])
print(tuple1[2])
```

代码运行结果：

```
4
5
6
```

如果输出整个元组，则可以直接使用 print() 函数，代码如下：

```
tuple1=(4,5,6)
print(tuple1)
```

代码运行结果：

```
(4, 5, 6)
```

对于元组也可以采用切片方式获取指定的元素。例如，定义一个元组并进行切片操作，代码如下：

```
tuple2=(1,8,3,20,40,16,24,19)
print(tuple2[2:5:2])          #获取第 3 个、第 5 个元素
```

代码运行结果：

```
(3, 40)
```

3. 修改元组

元组是不可变的，元组中的单个元素值是不允许修改的，但我们可以对元组进行重新赋值，对元组进行重新赋值的代码如下：

```
tuplename=("语文","数学","英语")          #定义元组
tuplename=("物理","化学","生物")          #对元组进行重新赋值
print(tuplename)
```

代码运行结果：

```
('物理', '化学', '生物')
```

另外，Python 支持两个元组相加操作，可以使用"+"运算符实现。例如，定义两个元组，进行相加操作，代码如下：

```
tuple1=("语文","数学","英语")
tuple2=("物理","化学","生物")
print(tuple1+tuple2)
```

代码运行结果：

```
('语文', '数学', '英语', '物理', '化学', '生物')
```

4. 元组的遍历

通过 for 语句可以遍历元组的元素。

【例 4.21】定义一个元组，通过 for 语句来进行遍历。

```
tuplename= ("语文","数学","英语")
for item in tuplename:
    print(item)
```

代码运行结果：

```
语文
数学
英语
```

5. 元组的常用内置函数

Python 提供的元组的常用内置函数有如下 4 个。

（1）len()：计算元组元素的个数。

（2）max()：返回元组中元素的最大值。

（3）min()：返回元组中元素的最小值。

（4）tuple()：将列表转换为元组。

对于这些内置函数的使用，可通过以下代码来演示。

【例 4.22】定义一个元组，调用 len()函数计算元组元素的个数，再调用 max()和 min()函数分别获取元组中值最大和最小的元素，最后创建一个列表，并使用 tuple()函数将其转换为元组。

```
tuple1=(1,8,3,20,40,16,24,19)
length=len(tuple1)                    #计算元组元素的个数
print(length)
maxnum=max(tuple1)                    #返回元组元素的最大值
minnum=min(tuple1)                    #返回元组元素的最小值
```

```
print(maxnum)
print(minnum)
list1=[1,2,3,4,5]
tuple2=tuple(list1)                    #将列表转换为元组
print(tuple2)
```

代码运行结果：

```
8
40
1
(1, 2, 3, 4, 5)
```

6.　元组与列表的区别

元组和列表都可以按照特定顺序存放一组元素，元素类型不受限制，只要是 Python 支持的类型都可以。它们之间的区别主要体现在以下 4 个方面。

（1）列表的元素可以随时修改或删除，而元组的元素不可以修改，除非整体替换。

（2）列表可以使用切片访问和修改其中的元素，元组也支持切片，但是它只支持通过切片访问其中的元素，不支持修改。

（3）元组比列表的访问和处理速度快。如果只需对其中的元素进行访问，则建议使用元组。

（4）列表不能作为字典的键，而元组可以作为字典的键。

4.2.3　字典

字典（Dictionary）也是 Python 中一种非常有用的数据结构。字典是一种映射类型，用花括号（{}）标识，它的元素是"键值对"。这类似于《新华字典》，可以把拼音和汉字关联起来，通过音节表可以找到对应的汉字。音节表相当于键（key），对应的汉字就相当于值（value），键是唯一的，而值可以有多个。

字典的主要特点如下：

（1）字典的键必须唯一且不可变，其键名通常采用字符串，也可以用数字或者元组，但不能使用列表。

（2）字典通过键映射到值，是无序的，它通过键而不是索引来访问映射的值。

（3）字典属于可变映射，可修改键映射的值，字典的值可以是任意类型。

（4）字典的长度可变，可为字典添加或删除"键值对"。

（5）字典可以任意嵌套，即键映射的值可以是一个字典。

1.　字典的创建和删除

（1）使用赋值运算符（=）直接创建字典。字典的每个元素都包括"键"和"值"两个部分，字典的每个键和值之间用"："分隔，每个元素之间用"，"分隔。创建字典时，可以使用赋值运算符直接将一个字典赋值给变量，其语法格式如下：

```
dictionary={key1:value1,key2:value2,…,keyn:valuen}
```

例如，下面定义的字典都是合法的。

```
dict1={"name":"王军","age":"16","ID":"202101169","gender":"男"}
dict2={"name":"王军","ID":"202101169","语文":85,"数学":100,"英语":93}
dict3={"物理":92,"化学":87,"生物":98}
```

（2）创建空字典。同列表和元组一样，在 Python 中，可以创建空字典，其语法格式如下：

```
dictionary={}
```

或者

```
dictionary=dict()
```

（3）通过映射函数创建字典。使用 dict()函数和 zip()函数通过已有数据可以快速创建字典，其语法格式如下：

```
dictionary=dict(zip(list1,list2))
```

其中，zip()函数用于将多个列表或元组对应位置的元素组合为元组，并返回包含这些内容的zip 对象。如果想得到元组，则可以使用 tuple()函数将 zip 对象转换为元组；如果想得到列表，则可以使用 list()函数将其转换为列表。

【例 4.23】通过映射函数创建字典。

```
list1=["name","age","ID","gender"]
list2=["王军","16","202101169","男"]
dictionary=dict(zip(list1,list2))
print(dictionary)
```

其中，list1 是一个用于指定生成字典的键的列表，list2 是一个用于指定生成字典的值的列表。

代码运行结果：

```
{'name': '王军', 'age': '16', 'ID': '202101169', 'gender': '男'}
```

（4）通过给定的"键值对"创建字典。使用 dict()函数，通过给定的"键值对"创建字典的语法格式如下：

```
dictionary=dict(key1=value1,key2=value2,…,keyn=valuen)
```

其中，key1、key2、…、keyn 表示参数名，必须是唯一的，并且要求符合 Python 标识符的命名规则，这些参数名会转换为字典的键；value1、value2、…、valuen 表示参数值，可以是任何数据类型，不是必须唯一的，这些参数值将被转换为字典的值。

【例 4.24】通过给定的"键值对"创建字典

```
dictionary=dict(name="王军",age="16",ID="202101169",gender="男")
print(dictionary)
```

代码运行结果：

```
{'name': '王军', 'age': '16', 'ID': '202101169', 'gender': '男'}
```

在 Python 中，还可以使用 dict 对象的 fromkeys()函数创建值为空的字典，其语法格式如下：

```
dictionary=dict.fromkeys(list)
```

其中，list 表示字典的键列表。

也可以通过已经存在的元组和列表创建字典，其语法格式如下：

```
dictionary={tuple:list}
```

其中，tuple 表示作为键的元组；list 表示作为值的列表。

（5）字典的删除。可以使用 del 语句删除整个字典。例如，定义一个字典，使用 del 语句将其删除。

```
dict1={"name":"王军","age":"16","ID":"202101169","gender":"男"}
del dict1
```

如果只是想删除字典的全部元素，则可以使用字典对象的 clear()函数来实现，使用 clear()函数操作后，将得到空字典。示例代码如下：

```
dict1={"name":"王军","age":"16","ID":"202101169","gender":"男"}
dict1.clear()
print(dict1)
```

代码运行结果：

```
{}
```

2. 访问字典

（1）通过"键值对"访问字典。可以直接使用 print() 函数将字典的内容全部输出。

【例 4.25】定义一个字典，并将其内容输出。

```
dictionary={"name":"王军","age":"16","ID":"202101169","gender":"男"}
print(dictionary)
```

代码运行结果：

```
{'name': '王军', 'age': '16', 'ID': '202101169', 'gender': '男'}
```

对于字典元素的访问可以通过下标的方式实现。与列表和元组不同，这里的下标不是索引号，而是键。例如，要获得 age 对应的值，代码如下：

```
dictionary={"name":"王军","age":"16","ID":"202101169","gender":"男"}
print(dictionary['age'])
```

代码运行结果：

```
16
```

如果使用字典里没有的键访问数据，则会出现异常。例如，运行下面的代码：

```
dictionary={"name":"王军","age":"16","ID":"202101169","gender":"男"}
print(dictionary['addr'])
```

会出现以下异常信息：

```
Traceback (most recent call last):
  File "E:/project/example04-25(2).py", line 2, in <module>
    print(dictionary['addr'])
KeyError: 'addr'
```

在 Python 中，更多是使用字典对象的 get() 函数获取指定键的值，其语法格式如下：

```
dictionary.get(key,[default])
```

其中，dictionary 为字典对象；key 为指定的键；default 为可选项，用于指定当指定的"键"不存在时，返回一个默认值，如果省略，则返回 None。例如，通过 get() 函数获取 age 对应的值，代码如下：

```
dictionary={"name":"王军","age":"16","ID":"202101169","gender":"男"}
print(dictionary.get('age'))
print(dictionary.get('addr','字典里没有这个键'))     #当"键"不存在时，返回一个值
```

代码运行结果：

```
16
字典里没有这个键
```

（2）遍历字典。Python 提供了遍历字典的方法，使用字典的 items() 函数可以获取字典的全部"键值对"，其语法格式如下：

```
dictionary.items()
```

其中，dictionary 表示字典对象，返回值为可遍历的"键值对"的元组。想要获取具体的"键值对"，可以通过 for 语句遍历该元组。

【例 4.26】定义一个字典，然后通过 items()函数获取"键值对"的元组，并输出全部"键值对"。

```
dictionary={"name":"王军","age":"16","ID":"202101169","gender":"男"}
for item in dictionary.items():
    print(item)
```

代码运行结果：

```
('name', '王军')
('age', '16')
('ID', '202101169')
('gender', '男')
```

上面的示例得到的是元组中的各个元素，如果想获取具体的每个键和值，则可以使用下面的代码进行遍历：

```
dictionary={"name":"王军","age":"16","ID":"202101169","gender":"男"}
for key,value in dictionary.items():
    print(key,value)
```

代码运行结果：

```
name  王军
age 16
ID 202101169
gender  男
```

另外，在 Python 中，字典对象还提供了 keys()和 values()函数，用于返回字典的键和值。

【例 4.27】定义一个字典，使用 keys()和 values()函数分别输出其键和值。

```
dictionary={"name":"王军","age":"16","ID":"202101169","gender":"男"}
for key in dictionary.keys():              #输出字典的键
    print(key)
for value in dictionary.values():          #输出字典的值
    print(value)
```

代码运行结果：

```
name
age
ID
gender
王军
16
202101169
男
```

3．添加、修改与删除字典元素

字典的长度是可变的，可以通过对键赋值的方法实现增加或修改"键值对"。向字典中添加元素的语法格式如下：

```
dictionary[key]=value
```

其中，key 表示要添加元素的键，必须是唯一的，并且不可变，可以是字符串、数字或元组；value 表示要添加元素的值，可以是任何 Python 支持的数据类型，不是唯一的。

【例 4.28】在创建的字典中添加一个元素。

```
dictionary={"name":"王军","ID":"202101169","语文":85}
dictionary["数学"]=100                          #添加一个元素
print(dictionary)
```

代码运行结果：

```
{'name': '王军', 'ID': '202101169', '语文': 85, '数学': 100}
```

在字典中，如果新添加元素的键与已经存在的键重复，那么新的值将会替换原来键的值，相当于修改字典的元素。例如，将语文成绩 85 修改为 95，代码如下：

```
dictionary={"name":"王军","ID":"202101169","语文":85}
dictionary["语文"]=95                           #修改一个元素
print(dictionary)
```

代码运行结果：

```
{'name': '王军', 'ID': '202101169', '语文': 95}
```

在 Python 中，使用 del 语句可以删除字典中的某个元素。例如，删除字典中键为"语文"的元素，代码如下：

```
dictionary={"name":"王军","ID":"202101169","语文":85}
del dictionary["语文"]                          #删除元素
print(dictionary)
```

代码运行结果：

```
{'name': '王军', 'ID': '202101169'}
```

当删除一个不存在的键时会抛出异常。

4.2.4　集合

Python 中的集合（Set）与数学中集合的概念类似，可用于保存不重复元素。集合中的元素是无序的，且不重复。与字典类似，集合中的元素也是放在一对花括号（{}）中，元素之间用逗号（,）分隔。

1．创建集合

可以使用花括号或者 set()函数创建集合，创建空集合只能使用 set()函数，而不能使用花括号。因为在 Python 中，直接使用花括号表示创建空字典。

（1）使用花括号创建集合。使用花括号创建集合的语法格式如下：

```
setname={元素 1,元素 2,元素 3,…,元素 n}
```

集合的元素个数没有限制，只要是 Python 支持的数据类型都可以。例如，下面定义的集合都是合法的。

```
set1={1,2,3}
set2={'aa','bb','cc'}
set3={"语文","数学","英语"}
```

在创建集合时，如果出现了重复的元素，那么 Python 会自动只保留一个元素，重复的元素被自动去掉。

（2）使用 set()函数创建集合。在 Python 中创建集合时推荐使用 set()函数，可以使用 set()函数将列表、元组等其他可迭代对象转换为集合。使用 set()函数创建集合的语法格式如下：

```
setname=set(iteration)
```

其中，iteration 表示要转换为集合的可迭代对象，可以是列表、元组、range 对象等。另外，也可以是字符串，如果是字符串，则返回的集合将包含全部不重复字符的集合。

【例 4.29】使用 set()函数创建集合并输出。

```
set1=set([1,2,'abc'])
set2=set(("语文","数学","英语"))
set3=set("我们一起学 Python")
print(set1)
print(set2)
print(set3)
```

代码运行结果：

```
{1, 2, 'abc'}
{'英语', '数学', '语文'}
{'h', 'n', '学', 'o', '们', '一', 'P', '我', '起', 'y'}
```

2. 添加与删除集合的元素

（1）向集合中添加元素。向集合中添加元素可以使用 add()函数实现，其语法格式如下：

```
set.add(x)
```

将元素 x 添加到集合 set 中，添加的元素内容只能使用字符串、数字、布尔值、元组等不可变对象，不能使用列表、字典等可变对象。如果元素已经存在，则不进行任何操作。

【例 4.30】定义一个集合并向其中添加一个元素。

```
setname=set(("语文","数学"))
setname.add("英语")
print(setname)
```

代码运行结果：

```
{'英语', '语文', '数学'}
```

（2）删除集合元素。在 Python 中，可以使用 del 语句删除整个集合，也可以使用集合的 pop()函数或 remove()函数删除一个元素，或者使用集合对象的 clear()函数清空集合。

【例 4.31】定义一个集合，并从集合中删除一个元素、删除指定元素以及清空集合。

```
setname=set(("语文","数学","英语","物理","化学"))
setname.pop()                    #删除一个元素
print("删除一个元素后：",setname)
setname.remove("英语")           #删除指定元素
print("删除指定的元素后：",setname)
setname.clear()                  #清空集合
print("清空集合后：",setname)
```

代码运行结果：

```
删除一个元素后：  {'英语', '语文', '数学', '物理'}
删除指定的元素后：  {'语文', '数学', '物理'}
清空集合后：  set()
```

3. 集合运算

两个集合可以进行集合运算，常见的集合运算是交集"&"、并集"|"和差集"-"运算。

【例 4.32】定义两个集合，并对其进行运算。

```
set1={"语文","数学","英语","物理"}
set2={"英语","物理","化学","生物"}
```

```
print(set1&set2)                #交集运算
print(set1|set2)                #并集运算
print(set1-set2)                #差集运算
```

代码运行结果：

```
{'英语', '物理'}
{'生物', '数学', '化学', '语文', '英语', '物理'}
{'语文', '数学'}
```

4.2.5　列表、元组、字典和集合的区别

前面已详细讲解了 Python 中常用的数据结构：列表、元组、字典和集合。为了帮助大家更加清晰地了解这 4 种数据结构的差异，表 4.1 给出一个列表、元组、字典和集合的区别。

表 4.1　列表、元组、字典和集合的区别

类别	定义符号	是否可变	元素是否可变	是否有序	是否可迭代
列表	[元素 1,元素 2,...]	可变	可变	有序	可迭代
元组	(元素 1,元素 2,...)	不可变	不可变	有序	可迭代
字典	{键 1:值 1,键 2:值 2,...}	可变	键：不可变 值：可变	无序	可迭代
集合	{元素 1,元素 2,...}	可变	不可变	无序	可迭代

4.3　项 目 分 解

任务 1：实例讲解列表

实例讲解列表

表 4.2 为某班级部分学生的 Python 课程考试成绩，使用列表保存这些学生的成绩数据并进行以下操作。

（1）通过索引显示第 2 名学生和倒数第 2 名学生的成绩。

（2）遍历每名学生的成绩。

表 4.2　学生成绩表

学号	姓名	成绩
2002010001	陈良	83
2002010002	晁昊	91
2002010003	刘磊	98
2002010004	陶斌	79
2002010005	黄扬	86
2002010006	李丹	81

【任务代码 01】创建一个列表并将学生的成绩保存到列表中，使用 print()函数将列表输

出，再将第 2 名学生和倒数第 2 名学生的成绩输出，最后使用 for 语句遍历列表。

```
score=[83,91,98,79,86,81]
print(score)
print(score[1])          #输出第 2 名学生成绩，正向索引从 0 开始，此处索引值为 1
print(score[-2])         #输出倒数第 2 名学生成绩，反向索引从-1 开始，此处索引值为-2
for item in score:       #循环遍历列表
    print(item,end=' ')
```

代码运行结果：

```
[83, 91, 98, 79, 86, 81]
91
86
83 91 98 79 86 81
```

上述任务代码中，使用赋值运算符直接创建列表并保存学生成绩，使用 print()函数将列表保存的学生成绩输出来，通过索引的方式输出第 2 名学生和倒数第 2 名学生的成绩，最后使用 for 语句遍历每名学生的成绩。

任务 2：实例讲解添加、删除、修改列表元素

在使用列表保存表 4.2 所示的学生成绩的基础上，对保存学生成绩的列表进行以下操作，并输出更新后的列表。

（1）新增一名学生，考试成绩为 75 分，将成绩添加到列表末尾。

（2）新增一名学生，考试成绩为 71 分，将成绩插入列表索引为 3 的位置。

（3）删除列表中最后一个数据。

（4）将列表中第 3 个数据减去 5。

（5）删除列表中第 4 个数据。

【任务代码 02】将学生的成绩保存到列表中，对列表进行添加、删除、修改元素操作。

```
score=[83,91,98,79,86,81]
score.append(75)         #在列表末尾添加数据 75
print("在末尾添加数据后的列表：")
print(score)
score.insert(3,71)       #在列表中索引为 3 的位置添加数据 71
print("在索引为 3 的位置添加数据后的列表：")
print(score)
score.pop()              #删除列表中最后一个数据
print("删除最后一个数据后的列表：")
print(score)
score[2]=score[2]-5      #将列表中第 3 个数据减去 5
print("第 3 个数据减去 5 后的列表：")
print(score)
del score[3]             #删除列表中第 4 个数据
print("删除第 4 个数据后的列表：")
print(score)
```

代码运行结果：

在末尾添加数据后的列表：
[83, 91, 98, 79, 86, 81, 75]
在索引为 3 的位置添加数据后的列表：
[83, 91, 98, 71, 79, 86, 81, 75]
删除最后一个数据后的列表：
[83, 91, 98, 71, 79, 86, 81]
第 3 个数据减去 5 后的列表：
[83, 91, 93, 71, 79, 86, 81]
删除第 4 个数据后的列表：
[83, 91, 93, 79, 86, 81]

上述任务代码中，将学生的成绩保存到列表中。使用 append()函数和 insert()函数添加学生成绩，使用 pop()函数和 del 语句删除学生成绩，通过索引的方式访问列表中的某个成绩并对其修改，同时输出更新后的列表。

任务 3：实例讲解列表的统计和排序

在使用列表保存表 4.2 所示的学生成绩的基础上，对保存学生成绩的列表进行以下操作。

（1）统计分数 91 在列表中出现的次数。
（2）获取分数 98 在列表中首次出现的下标。
（3）计算列表中分数的和。
（4）获取列表中成绩的个数、最高分、最低分。
（5）将列表中的分数由高到低排列。

【任务代码 03】将学生的成绩保存到列表中，对列表进行统计和排序。

```
score1=[83,91,98,79,86,81]
num1=score1.count(91)                 #统计分数 91 在列表中出现的次数
print("分数 91 在列表中出现的次数： ",num1)
num2=score1.index(98)                 #获取分数 98 在列表中首次出现的下标
print("分数 98 在列表中首次出现的下标：",num2)
num3=sum(score1)                      #计算列表中分数的和
print("分数的和： ",num3)
print("成绩的个数为： ",len(score1))        #获取列表中成绩的个数
print("最高分为： ",max(score1))            #获取最高分
print("最低分为： ",min(score1))            #获取最低分
score2= sorted(score1,reverse = True)   #降序排列
print("分数由高到低排列： ",score2)
```

代码运行结果：

```
分数 91 在列表中出现的次数：  1
分数 98 在列表中首次出现的下标：  2
分数的和：  518
成绩的个数为：  6
最高分为：  98
最低分为：  79
分数由高到低排列：  [98, 91, 86, 83, 81, 79]
```

上述任务代码中，将学生的成绩保存到列表中，使用 count()、index()、sum()、len()、max()、

min()、sorted()等函数对列表进行统计和排序操作。

任务 4：实例讲解列表的切片

实例讲解列表的切片

在使用列表保存表 4.2 所示的学生成绩的基础上，对保存学生成绩的列表进行以下操作。

（1）获取列表中前 3 名学生的成绩。

（2）获取列表中后 3 名学生的成绩。

（3）获取列表中第 1、3、5 名学生的成绩。

【任务代码 04】 将学生的成绩保存到列表中，对列表进行切片操作。

```
score=[83,91,98,79,86,81]
print("前 3 名学生的成绩：",score[0:3])          #获取前 3 名学生的成绩
print("后 3 名学生的成绩：",score[-1:-4:-1])      #获取后 3 名学生的成绩
print("第 1、3、5 名学生的成绩：",score[0:5:2])   #获取第 1、3、5 名学生的成绩
```

代码运行结果：

```
前 3 名学生的成绩： [83, 91, 98]
后 3 名学生的成绩： [81, 86, 79]
第 1、3、5 名学生的成绩： [83, 98, 86]
```

上述任务代码中，将学生的成绩保存到列表中，通过对列表的切片，访问一定范围内的学生成绩。

任务 5：实例讲解元组

实例讲解元组

使用元组保存表 4.2 所示的学生成绩，对保存学生成绩的元组进行以下操作。

（1）通过索引显示第 2 名学生和倒数第 2 名学生的成绩。

（2）对元组进行切片操作，获取第 3、5 名学生的成绩。

（3）遍历每个学生的成绩。

【任务代码 05】 将学生的成绩保存到元组中并输出，输出第 2 名、倒数第 2 名以及第 3、5 名学生成绩，再循环遍历元组。

```
score=(83,91,98,79,86,81)
print(score)
print(score[1])        #输出第 2 名学生成绩，正向索引从 0 开始，此处索引值为 1
print(score[-2])       #输出倒数第 2 名学生成绩，反向索引从-1 开始，此处索引值为-2
print(score[2:5:2])    #获取第 3 个、第 5 个元素
for item in score:     #循环遍历元组
    print(item,end=' ')
```

代码运行结果：

```
(83, 91, 98, 79, 86, 81)
91
86
(98, 86)
83 91 98 79 86 81
```

上述任务代码中，使用赋值运算符直接创建元组并保存学生成绩，使用 print()函数将元组

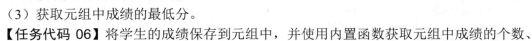

保存的学生成绩输出来，通过索引的方式输出第 2 名和倒数第 2 名学生的成绩，通过切片操作获取第 3、5 名学生的成绩，最后使用 for 语句遍历每名学生的成绩。

任务 6：实例讲解元组的常用内置函数

实例讲解元组的
常用内置函数

使用元组保存表 4.2 所示的学生成绩，并对元组进行以下操作。

（1）输出元组中成绩的个数。

（2）获取元组中成绩的最高分。

（3）获取元组中成绩的最低分。

【任务代码 06】将学生的成绩保存到元组中，并使用内置函数获取元组中成绩的个数、最高分、最低分。

```
score=(83,91,98,79,86,81)
print("成绩的个数为：",len(score))        #获取元组中成绩的个数
print("最高分为：",max(score))           #获取最高分
print("最低分为：",min(score))           #获取最低分
```

代码运行结果：

```
成绩的个数为：  6
最高分为：  98
最低分为：  79
```

上述任务代码中，将学生的成绩保存到元组中，使用内置函数 len()、max() 和 min() 获得元组的长度以及元素的最大值、最小值。

任务 7：实例讲解字典

实例讲解字典

使用字典保存表 4.2 中的学生信息，其中学号作为字典的键，姓名和成绩组成的列表作为字典的值，并对字典进行以下操作。

（1）输出字典内容。

（2）从字典中获取学号为 2002010003 的学生信息。

（3）获取字典中所有学生的学号。

（4）遍历字典中所有学生的信息。

【任务代码 07】将学生信息保存到字典中并将字典内容输出，再对字典进行元素访问以及遍历操作。

```
scoredict={"2002010001":["陈良",83],"2002010002":["晁昊",91],"2002010003":["刘磊",98],"2002010004":
    ["陶斌",79],"2002010005":["黄扬",86],"2002010006":["李丹",81]}
print("字典的内容：")
print(scoredict)                    #用 print()函数直接输出字典内容
print("学号为 2002010003 的学生信息：")
print(scoredict["2002010003"])      #通过字典的键来访问其对应的值
print("所有学生的学号：")
for key in scoredict.keys():        #用 keys()函数输出字典的键
    print(key,end=' ')
print("\n 所有学生的信息：")
for item in scoredict.items():      #用 for 语句遍历字典
    print(item)
```

代码运行结果:

字典的内容:
{'2002010001': ['陈良', 83], '2002010002': ['晁昊', 91], '2002010003': ['刘磊', 98], '2002010004': ['陶斌', 79],
'2002010005': ['黄扬', 86], '2002010006': ['李丹', 81]}
学号为 2002010003 的学生信息:
['刘磊', 98]
所有学生的学号:
2002010001 2002010002 2002010003 2002010004 2002010005 2002010006
所有学生的信息:
('2002010001', ['陈良', 83])
('2002010002', ['晁昊', 91])
('2002010003', ['刘磊', 98])
('2002010004', ['陶斌', 79])
('2002010005', ['黄扬', 86])
('2002010006', ['李丹', 81])

上述任务代码中,将学生的信息保存到字典中,并使用 print()函数将字典内容输出,通过字典的键来访问其对应的值,通过 keys()函数输出字典的键,最后用 for 语句遍历字典。

任务 8:实例讲解添加、删除、修改字典元素

实例讲解添加、删除、
修改字典元素

在使用字典保存表 4.2 中的学生信息的基础上,对保存的学生信息的字典进行以下操作,并输出更新后的字典。

(1)添加一名学生:学号是 2002010007,姓名是王军,成绩是 69。
(2)将学号为 2002010003 的学生成绩修改为 90。
(3)删除学号为 2002010001 的学生信息。

【任务代码 08】将学生信息保存到字典中,对字典进行添加、删除、修改元素操作。

```
scoredict={"2002010001":["陈良",83],"2002010002":["晁昊",91],"2002010003":["刘磊",98],"2002010004":
    ["陶斌",79],"2002010005":["黄扬",86],"2002010006":["李丹",81]}
scoredict["2002010007"]=["王军",69]          #添加一名学生信息
print("新增一名学生后的字典: ")
print(scoredict)
scoredict["2002010003"]=["刘磊",90]          #修改一名学生的成绩
print("修改一名学生成绩后的字典: ")
print(scoredict)
del scoredict["2002010001"]                   #删除一名学生信息
print("删除一名学生信息后的字典: ")
print(scoredict)
```

代码运行结果:

新增一名学生后的字典:
{'2002010001': ['陈良', 83], '2002010002': ['晁昊', 91], '2002010003': ['刘磊', 98], '2002010004': ['陶斌', 79],
'2002010005': ['黄扬', 86], '2002010006': ['李丹', 81], '2002010007': ['王军', 69]}
修改一名学生成绩后的字典:
{'2002010001': ['陈良', 83], '2002010002': ['晁昊', 91], '2002010003': ['刘磊', 90], '2002010004': ['陶斌', 79],
'2002010005': ['黄扬', 86], '2002010006': ['李丹', 81], '2002010007': ['王军', 69]}
删除一名学生信息后的字典:

{'2002010002': ['晁昊', 91], '2002010003': ['刘磊', 90], '2002010004': ['陶斌', 79], '2002010005': ['黄扬', 86], '2002010006': ['李丹', 81], '2002010007': ['王军', 69]}

上述任务代码中，将学生信息保存到字典中，由于字典是可变的，因此它支持元素的修改操作，包括添加新的元素、修改或者删除已经存在的元素。

任务 9：实例讲解集合

实例讲解集合

表 4.3 为超市 A 和超市 B 的水果销售清单，使用集合来保存这些水果种类并进行以下操作。

（1）使用集合来统计超市 A、B 销售的水果种类。

（2）超市 A 新增一种水果——哈密瓜。

（3）超市 B 樱桃缺货，在清单中取消樱桃销售。

（4）判断超市 B 是否卖过枇杷。

表 4.3　超市水果销售清单

超市	水果
超市 A	香蕉、苹果、樱桃、橘子、香蕉、桂圆、樱桃、荔枝、山楂、香蕉
超市 B	香蕉、枇杷、桃子、苹果、西瓜、香蕉、樱桃、枇杷、西瓜

【任务代码 09】将水果种类保存到集合中，并使用 print()函数将集合内容输出，再对集合中的水果种类进行统计以及水果种类的添加、删除等操作。

```
fruitset1={"香蕉","苹果","樱桃","橘子","香蕉","桂圆","樱桃","荔枝","山楂","香蕉"}
fruitset2={"香蕉","枇杷","桃子","苹果","西瓜","香蕉","樱桃","枇杷","西瓜"}
print("超市 A 销售的水果种类：")
print(fruitset1)                    #利用集合的去重功能统计超市销售的水果种类
print("超市 B 销售的水果种类：")
print(fruitset2)
fruitset1.add("哈密瓜")            #添加一个元素
print("超市 A 添加哈密瓜后的水果种类：")
print(fruitset1)
fruitset2.remove("樱桃")           #删除指定元素
print("超市 B 停售樱桃后的水果种类：")
print(fruitset2)
print("超市 B 是否卖过枇杷：")
if "枇杷" in fruitset2:
    print("超市 B 卖过枇杷！")
else:
    print("超市 B 没有卖过枇杷！")
```

代码运行结果：

```
超市 A 销售的水果种类：
{'荔枝', '桂圆', '樱桃', '橘子', '苹果', '香蕉', '山楂'}
超市 B 销售的水果种类：
{'桃子', '西瓜', '枇杷', '樱桃', '苹果', '香蕉'}
超市 A 添加哈密瓜后的水果种类：
```

{'荔枝', '哈密瓜', '桂圆', '樱桃', '橘子', '苹果', '香蕉', '山楂'}
超市 B 停售樱桃后的水果种类：
{'桃子', '西瓜', '枇杷', '苹果', '香蕉'}
超市 B 是否卖过枇杷：
超市 B 卖过枇杷！

上述任务代码中，将水果的种类保存到集合中，利用集合的去重功能统计超市销售的水果种类，使用 add()、remove()函数添加、删除指定的水果种类，最后用 in 关键字判定指定的水果种类是否在集合中。

任务 10：实例讲解集合的并集、交集与差集

在使用集合来保存表 4.3 所示的水果种类的基础上，对集合进行以下操作。

（1）超市 A 和超市 B 都有销售的水果种类。

（2）超市 A 和超市 B 所有销售的水果种类。

（3）超市 A 有销售但超市 B 没有销售的水果种类。

【任务代码 10】 将水果种类保存到集合中，并对集合进行并集、交集与差集运算。

```
fruitset1={"香蕉","苹果","樱桃","橘子","香蕉","桂圆","樱桃","荔枝","山楂","香蕉"}
fruitset2={"香蕉","枇杷","桃子","苹果","西瓜","香蕉","樱桃","枇杷","西瓜"}
print("超市 A 和超市 B 都有销售的水果种类：")
print(fruitset1&fruitset2)              #交集运算
print("超市 A 和超市 B 所有销售的水果种类：")
print(fruitset1|fruitset2)              #并集运算
print("超市 A 有销售但超市 B 没有销售的水果种类：")
print(fruitset1-fruitset2)              #差集运算
```

代码运行结果：
超市 A 和超市 B 都有销售的水果种类：
{'苹果', '樱桃', '香蕉'}
超市 A 和超市 B 所有销售的水果种类：
{'枇杷', '桂圆', '桃子', '山楂', '橘子', '香蕉', '樱桃', '荔枝', '西瓜', '苹果'}
超市 A 有销售但超市 B 没有销售的水果种类：
{'荔枝', '山楂', '橘子', '桂圆'}

上述任务代码中，将水果的种类保存到集合中，利用集合的并集、交集与差集运算来统计超市 A、B 的水果销售种类。

4.4 项 目 总 结

本项目首先介绍了 Python 中的列表、元组、字典和集合 4 种重要数据结构的创建及其常用操作，每种数据结构都有各自的特点和适用场景，只有了解了它们之间的异同点，才能根据实际应用合理选择使用。最后通过 10 个任务的上机实践使读者熟练掌握了这 4 种数据结构的应用。

4.5　习　　题

一、选择题

1．关于列表的说法，以下描述错误的是（　　　）。

　　A．列表是一个有序集合，没有固定大小

　　B．列表可以存放任意类型的元素

　　C．使用列表时，其下标可以是负数

　　D．列表是不可变的数据结构

2．执行下面的操作后，list2 的值为（　　　）。

```
list1=[4,5,6]
list2=list1
list1[2]=3
```

　　A．[4,5,6]　　　　　B．[4,3,6]　　　　　C．[4,5,3]　　　　　D．以上都不正确

3．下列删除列表中最后一个元素的函数是（　　　）。

　　A．del()　　　　　B．pop()　　　　　C．remove()　　　　　D．cut()

4．以下代码的运行结果是（　　　）。

```
list1=[1,2,3]
list2=[4,5,6]
print(list1+list2)
```

　　A．[5,7,9]　　　　　B．[1,2,3]　　　　　C．[4,5,6]　　　　　D．[1,2,3,4,5,6]

5．下列函数中，用于返回元组中元素最小值的是（　　　）。

　　A．len()　　　　　B．max()　　　　　C．min()　　　　　D．tuple()

6．关于 Python 的元组类型，以下描述错误的是（　　　）。

　　A．一个元组可以作为另一个元组的元素，可以采用多级索引获取信息

　　B．元组中的元素必须是相同类型的

　　C．Python 中元组可采用逗号和圆括号来表示

　　D．元组中的单个元素值是不允许修改的

7．以下代码的运行结果是（　　　）。

```
a=(1,(2,3),(4,[5,6,7]))
print(len(a))
```

　　A．7　　　　　　　B．4　　　　　　　C．3　　　　　　　D．6

8．字典 dict={'a':1,'b':2,'c':3}，则 len(dict)的值为（　　　）。

　　A．9　　　　　　　B．12　　　　　　　C．3　　　　　　　D．6

9．以下代码的运行结果是（　　　）。

```
dict={'a':1,'b':2,'c':3}
print(dict['c'])
```

　　A．1　　　　　　　B．3　　　　　　　C．2　　　　　　　D．{'c':3}

10. 以下不能创建一个字典的语句是（　　　）。
    A．dict1={}
    B．dict2={3:5}
    C．dict3={[1,2,3]:"uestc"}
    D．dict4={(1,2,3):"uestc"}

11. 下列选项中，正确定义了一个字典的是（　　　）。
    A．a=['a',1,'b',2,'c',3]
    B．b=('a',1,'b',2,'c',3)
    C．c={'a',1,'b',2,'c',3}
    D．d={'a':1,'b':2,'c':3}

12. 以下代码的运行结果是（　　　）。
```
a={1:"one",2:"two",3:"three"}
for k in a:
    print(k,end="")
```
    A．1:one2:two3:three   B．123   C．onetwothree   D．threetwoone

13. 要获取两个集合 A 和 B 的并集，以下表达式正确的是（　　　）。
    A．A+B   B．A|B   C．A&B   D．A∧B

14. 下列选项中，不支持使用下标访问元素的是（　　　）。
    A．列表   B．元组   C．集合   D．字符串

二、填空题

1．Python 的序列包括列表、元组、_____和_____。

2．若要按照从小到大的顺序排列列表中的元素，则可以使用_____函数实现。

3．设 L=[a,b,c,d,e,f,g]，则 L[3]的值是_____，L[3:5]的值是_____，L[:5]的值是_____，L[3:]的值是_____，L[: :2]的值是_____。

4．在 Python 中，可以使用_____直接将 range()函数循环出来的结果转换为元组。

5．使用 items()函数可以查看字典中的所有_____。

三、编程题

1．已知 list=[1,2,3,4,5]，请通过编程将列表变为 list=[5,4,3,2,1]。

2．假设有一个列表储存了奇数个数字，请编写程序，输出中间位置的数字。

3．某公司年终庆典，需要将职员分成 3 组，现在有 8 位职员等待小组分配，编写程序实现职员的随机分配。

4．输入一行字符，统计每个字符出现的次数，并将结果存放在字典中。

5．编写一个程序，使用字典保存学生的信息：学号和姓名，将学生的信息按照学号由小到大排列，排序后进行输出。

6．某班级有 40 名学生（学号为 1~40），现在需要随机抽取 10 名学生参加户外活动，请用集合完成以下操作：

（1）选出 10 名学生并输出他们的学号；

（2）有一名学生因事请假不能参加活动，请补充一人，删掉不能参加活动的学生学号，重新生成 10 名学生名单。

项目 5　字　符　串

- 掌握字符串的声明和拼接。
- 掌握字符串的索引和切片。
- 掌握字符转义。
- 掌握字符串的格式化。
- 掌握字符串常用的内建函数。

- 培养学生的逻辑思维能力、分析问题与解决问题能力。
- 培养学生利用 Python 技术获取信息和处理信息的能力。
- 培养学生艰苦奋斗的精神和务实的作风。
- 培养学生科学严谨的工作态度以及理论联系实际的学习意识。
- 培养学生良好的表达能力和独立思考能力。

5.1　项目引导

字符串（String）是一种表示文本的数据类型，字符串中的字符可以是 ASCII 字符、各种符号以及各种 Unicode 字符。字符串是计算机与人交互过程中使用最普遍的数据类型，我们在计算机显示器上看到的一切文本，实际上都是字符串。字符串几乎是所有编程语言在项目开发过程中涉及最多的内容。大部分项目的运行结果都需要以文本的形式展示给客户，如财务系统的总账报表、电子游戏的比赛结果、火车站的列车时刻表等。这些都是经过程序精密的计算、判断和梳理，将我们想要的内容用文本形式直观地展示出来。

字符串是 Python 中最常用的数据类型，字符串就是连续的字符序列，可以是计算机所能表示的一切字符的集合，我们经常用它来处理文本内容。熟练掌握字符串的操作是实现 Python 程序开发的必备基础之一。

本项目主要学习字符串的声明及其常用操作，从而能够在编程中熟练处理字符串。

5.2 技 术 准 备

5.2.1 字符串的声明和拼接

1. 字符串的声明

在 Python 中，字符串属于不可变序列，通常使用单引号（''）、双引号（" "）、三引号（''' '''）或连续 3 个双引号（""" """）标注，这几种引号形式在语义上没有差别，只是在形式上有所差别。其中单引号和双引号内的字符序列必须在一行中，而三引号内的字符序列可以分布在连续的多行上。

例如，定义 3 个字符串类型变量，并用 print()函数将其输出，代码如下：

```
str1='Hello,World!'
str2="我们都爱学 Python!"
str3='''Hello,World!
我们都爱学 Python!'''
print(str1)
print(str2)
print(str3)
```

代码运行结果：

```
Hello,World!
我们都爱学 Python!
Hello,World!
我们都爱学 Python!
```

需要注意的是，单引号表示的字符串里不能包含单引号，如 let's go 不能使用单引号包含；双引号表示的字符串里不能包含双引号；三引号能包含多行字符串，在这个字符串中可以包含换行符、制表符或者其他特殊字符。通常情况下，三引号表示的字符串出现在函数声明的下一行，用来注释函数。

与 C 语言的字符串不同的是，Python 字符串不能被改变，当给一个索引位置赋值时，如 word[0]='H'，会产生语法错误。

另外，需要注意字符串开始和结尾使用的引号形式必须一致。当需要表示复杂的字符串时，还可以进行引号的嵌套。例如，以下代码中的字符串都是合法的。

```
str1='我们可以使用双引号" " "声明字符串'
str2="单引号' ' '也可以声明字符串"
str3='''我们经常说"Hello,World!" '''
str4=""" 'Hello',"World" """
```

上面的代码中，第 1 行代码的字符串内容中有双引号，所以要使用单引号包含；第 2 行代码的字符串内容中有单引号，所以要使用双引号包含。如果不这么做，那么当解释器在根据单引号或者双引号辨别字符串的结束时，难免会发生错误。

2. 字符串的拼接

加号（+）是字符串的连接运算符，使用运算符"+"可以连接多个字符串并产生一个新的字符串。

【例 5.1】 定义两个字符串，并对其进行拼接。

```
str1="我爱学习"
str2="我学 Python。"
print(str1+"，"+str2)
```

代码运行结果：

我爱学习，我学 Python。

字符串不允许直接与其他类型的数据拼接。例如，将字符串与数值拼接会产生异常，代码如下：

```
str1="我的 Python 课程期末考试成绩为"
num=98
str2="分。"
print(str1+num+str2)
```

代码运行时会出现以下异常信息：

```
Traceback (most recent call last):
    File "E:/project/example05-01(2).py", line 4, in <module>
        print(str1+num+str2)
TypeError: can only concatenate str (not "int") to str
```

需要将这里的整数转换为字符串，可以使用 str()函数。修改后的代码如下：

```
str1="我的 Python 课程期末考试成绩为"
num=98
str2="分。"
print(str1+str(num)+str2)              #对字符串和整数进行拼接
```

代码运行结果：

我的 Python 课程期末考试成绩为 98 分。

对于字符串的拼接我们可以使用运算符 "+"，有时我们需要重复输出一些字符串，可以使用运算符 "*"。

【例 5.2】 定义一个字符串，使用 "*" 对其重复输出。

```
string="我爱学习。"
print(string*5)
```

代码运行结果：

我爱学习。我爱学习。我爱学习。我爱学习。我爱学习。

5.2.2 字符串的索引和切片

1. 字符串的索引

字符串是一个有序的集合，其中的每个字符可通过偏移量进行索引或分片。字符串中的字符按从左到右的顺序，偏移量依次为 0、1、2、···、len-1（最后一个字符的偏移量为字符串长度减 1）；或者为-len、···、-2、-1。索引指通过偏移量来定位字符串中的单个字符。

【例 5.3】 通过索引输出字符串中的单个字符。

```
str="Python"
print(str[0])      #输出第 1 个字符
print(str[1])      #输出第 2 个字符
print(str[2])      #输出第 3 个字符
```

代码运行结果：

```
P
y
t
```

通过索引可获得指定位置的单个字符，但不能通过索引来修改字符串。因为字符串对象不允许被修改，示例代码如下：

```
str="Python"
str[0]="x"
```

运行上述代码会出现以下异常信息：

```
Traceback (most recent call last):
    File "E:/project/example05-03(2).py", line 2, in <module>
        str[0]="x"
TypeError: 'str' object does not support item assignment
```

2. 字符串的切片

字符串的切片也称分片，它利用索引范围从字符串中获得多个连续字符（即子字符串）。字符串切片的语法格式如下：

```
str[start:end]
```

其表示返回字符串 str 中从偏移量 start 开始，到偏移量 end 之前的子字符串。start 和 end 参数均可省略，start 默认为 0，end 默认为字符串长度。

【例 5.4】使用字符串的切片来输出字符串中的多个连续字符。

```
str="Python"
print(str[1:4])          #输出偏移量为 1～3 的字符
print(str[2:])           #输出偏移量为 2 到末尾的字符
print(str[:4])           #输出从字符串开头到偏移量为 3 的字符
print(str[:-1])          #除最后一个字符外，其他字符全部输出
print(str[:])            #输出全部字符
```

代码运行结果：

```
yth
thon
Pyth
Pytho
Python
```

默认情况下，切片用于返回字符串中的多个连续字符，可以通过步长参数来跳过中间的字符，其格式如下：

```
str[start:end:step]
```

用这种格式切片时，会依次跳过中间 step-1 个字符，step 默认为 1，示例代码如下：

```
str="Hello,World!"
print(str[3:9:2])        #输出偏移量为 3、5、7 的字符
print(str[::2])          #输出偏移量为偶数的全部字符
print(str[7:1:-2])       #输出偏移量为 7、5、3 的字符
print(str[::-1])         #将字符串反序输出
```

代码运行结果：

```
l,o
HloWrd
```

o,l
!dlroW,olleH

5.2.3　字符转义

在键盘上，除了字母、数字等编程中可见的字符外，还有 Tab（制表符）、Enter（换行）等一些不可见的功能控制符。在 Python 程序中，可以用反斜杠（\）后面跟随特定的单个字符的方法，来表示键盘上一些不可见的功能控制符。这时，跟随在"\"后面的字符失去了它原有的含义，获得了新的特殊意义。此时，我们称"\"为"转义符"，称"\"及后面的字符整体为"转义字符"。

Python 中的字符串支持转义字符。常用的转义字符及其含义见表 5.1。

表 5.1　常用的转义字符及其含义

转义字符	含义
\（在行尾时）	续行符
\\	反斜杠符号
\'	单引号
\"	双引号
\000	空
\b	退格（Backspace）
\f	换页
\n	换行符
\r	回车
\t	横向制表符
\v	纵向制表符
\0dd	八进制数，dd 代表的字符，如\012 代表换行
\xhh	十六进制数，hh 代表的字符，如\x0a 代表换行

对于单引号或双引号等这些特殊的符号，我们可以对其进行转义。

【例 5.5】对字符串中的单引号进行转义。

```
str='let\'s go!go!'
print(str)
```

代码运行结果：

```
let's go!go!
```

上述代码中使用反斜杠的方式对单引号进行了转义，这样当解释器遇到这个转义字符的时候，会明白这不是字符串的结束标记。

注意：如果在字符串界定符的前面加上字母 r（或 R），那么该字符串将原样输出，其中的转义字符将不进行转义。例如，输出字符串"此致\n 敬礼"将正常输出转义字符换行，而输出字符串 r"此致\n 敬礼"将原样输出，代码如下：

```
str1="此致\n 敬礼"
str2=r"此致\n 敬礼"
```

```
print(str1)
print(str2)
```

代码运行结果：

```
此致
敬礼
此致\n 敬礼
```

5.2.4 格式化字符串

格式化字符串是指将指定的字符串转换为想要的格式。在 Python 中，有两种常用的格式化字符串的方法：使用"%"操作符格式化和使用 format()函数格式化。

1. 使用 "%" 操作符格式化字符串

Python 支持字符串的格式化输出。如果仅是一个字符串，那么通过 print()函数就可以直接将其输出，但是有时会遇到以下比较复杂的应用情景，例如：

今天是 2022 年 6 月 25 日；
王军 Python 考试得了 98 分。

以上的两个字符串中，对于第 1 个字符串，我们希望其中的日期可变；对于第 2 个字符串，我们希望姓名和分数可变。

【例 5.6】使用"%"操作符格式化字符串。

```
str1="今天是%d 年%d 月%d 日；"%(2022,6,25)        #%d 表示一个整数
str2="王军%s 考试得了%d 分。"%("Python",98)        #%s 表示一个字符串
print(str1)
print(str2)
```

代码运行结果：

```
今天是 2022 年 6 月 25 日；
王军 Python 考试得了 98 分。
```

字符串中的%d、%s 等可以理解为一个指定了数据类型的占位符，由百分号后面圆括号内的数据依次填充进去。

在上述代码中，%d、%s 就是 Python 中字符串的格式化符号。除此之外，还可以使用"%"操作符对其他类型的数据进行格式化，常用的格式化符号见表 5.2。

表 5.2　常用的格式化符号

格式化符号	说明	格式化符号	说明
%s	字符串	%X	十六进制整数（大写字母）
%c	单个字符	%e	指数（基底写为 e）
%i	有符号十进制整数	%E	指数（基底写为 E）
%d	有符号十进制整数	%f	浮点数，可指定小数点后的精度
%u	无符号整数	%g	%f 和%e 的简写
%o	八进制整数	%G	%f 和%E 的简写
%x	十六进制整数（小写字母）	%p	用十六进制数格式化变量的地址

格式化操作符辅助指令见表 5.3。

表 5.3　格式化操作符辅助指令

辅助指令	说明
*	定义宽度或者小数点精度
-	用于左对齐
+	在正数前面显示加号（+）
\<sp\>	在正数前面显示空格
#	在八进制数前面显示（'0'），在十六进制数前面显示'0x'或者'0X'（取决于用的是'x'还是'X'）
0	显示的数字前面填充'0'而不是默认的空格
%	'%%'输出一个单一的%
(var)	映射变量（字典参数）
m.n	m 是显示的最小总宽度，n 是小数点后的位数（如果可用的话）

这些辅助指令的应用可以用以下代码表示：

```
str1="西红柿是%f 元一斤；"%3.5
str2="西红柿是%.2f 元一斤。"%3.5
print(str1)
print(str2)
```

代码运行结果：

```
西红柿是 3.500000 元一斤；
西红柿是 3.50 元一斤。
```

对于字符串格式化符号"%f"来说，控制有效数字的方法是将"%"与"m.n"指令结合，给出总长度和小数长度（两个长度都是可以省略的）。

2. 使用 format()函数格式化字符串

Python 还提供了一种更加灵活的字符串格式化方法：format()函数。

【例 5.7】使用 format()函数格式化字符串。

```
str1="今天是{}年{}月{}日。".format(2022,6,25)
str2="王军{}考试得了{}分。".format("Python",98)
print(str1)
print(str2)
```

代码运行结果：

```
今天是 2022 年 6 月 25 日；
王军 Python 考试得了 98 分。
```

format()中的参数被依次填入之前字符串的花括号中。

5.2.5　字符串的输入

Python 提供了 input()函数从标准输入读取一行文本，默认的标准输入是键盘，例如：

```
username=input("请输入用户名：")
print(username)
```

上述代码中，input()函数传入了字符串信息，用于在获取数据前给用户提示，并且将接收的输入直接赋值给等号左边的变量 username。

需要注意的是，无论 input() 函数获取的数据是不是字符串类型的，最终都会转换成字符串进行保存。

【例 5.8】字符串的输入。

```
username=input("请输入用户名：")
print("用户名为：%s"%username)
password=input("请输入密码：")
print("密码为：%s"%password)
```

代码运行结果：

```
请输入用户名：wangjun
用户名为：wangjun
请输入密码：123456
密码为：123456
```

5.2.6　字符串的内建函数

与许多 Python 的内置类型相似，字符串也带有函数，由于其采用了良好的命名方法，因此可以通过名字猜测出其中大部分的意思。需要注意的是，方括号表示可选的参数。可以使用这些函数实现字符串的查找、替换等诸多操作。这些函数都不会改变字符串本身，而是返回一个新的字符串。这里介绍一些常用的字符串内建函数。

1.　len()

len() 函数用于计算字符串的长度，其语法格式如下：

```
len(str)
```

参数说明：

str：用于计算长度的字符串。

【例 5.9】定义一个字符串，然后用 len() 函数计算其长度。

```
string="Hello,World!"
print(len(string))
```

代码运行结果：

```
12
```

2.　count()

count() 函数用于统计字符串中指定子字符串出现的次数，可以设定开始与结束位置来设置字符串的检索范围，函数返回值为子字符串在字符串中出现的次数。如果检索的字符串不存在，则返回 0。其语法格式如下：

```
str.count(sub[,start[,end]])
```

参数说明：

- sub：要检索的子字符串。
- start：可选参数，检索范围的起始位置的索引，默认为第一个字符，此时该字符索引值为 0。
- end：可选参数，检索范围的结束位置的索引，默认为字符串的长度。

【例 5.10】定义一个字符串，然后用 count() 函数检索该字符串中出现字符"o"的次数。

```
string="Hello,World!"
print(string.count("o"))
```

代码运行结果：

2

3.　find()

find()函数用于检索字符串中是否包含指定的子字符串。如果指定开始和结束范围，则检查该子字符串是否包含在指定范围内。如果包含子字符串，则返回首次出现子字符串的索引值；否则返回-1。其语法格式如下：

str.find(sub[,start[,end]])

参数说明：

- sub：要检索的子字符串。
- start：可选参数，检索范围的起始位置的索引，默认为第一个字符，此时该字符索引值为 0。
- end：可选参数，检索范围的结束位置的索引，默认为字符串的长度。

【例 5.11】定义一个字符串，然后用 find()函数检索该字符串中首次出现字符"o"的索引值。

string="Hello,World!"
print(string.find("o"))

代码运行结果：

4

4.　index()

index()函数同 find()函数类似，用于检索字符串中是否包含指定的子字符串。如果指定了开始和结束范围，则检查该子字符串是否包含在指定范围内。如果包含子字符串，则返回首次出现子字符串的索引值；否则抛出异常。其语法格式如下：

str.index(sub[,start[,end]])

参数说明：

- sub：要检索的子字符串。
- start：可选参数，检索范围的起始位置的索引，默认为第一个字符，此时该字符索引值为 0。
- end：可选参数，检索范围的结束位置的索引，默认为字符串的长度。

【例 5.12】定义一个字符串，然后用 index()函数检索该字符串中首次出现字符"o"的索引值。

string="Hello,World!"
print(string.index("o"))

代码运行结果：

4

5.　replace()

replace()函数把字符串中的旧字符串替换成新字符串，函数的返回值为替换后生成的新字符串。如果指定参数 count，则替换不超过 count 次。其语法格式如下：

str.replace(old,new[,count])

参数说明：

- old：将被替换的子字符串。

- new：用于替换旧子字符串的新字符串。
- count：可选参数，替换不超过 count 次。

【例 5.13】定义一个字符串，然后用 replace()函数替换该字符串中的字符"o"并限定替换 1 次。

```
string="Hello,World!"
print(string.replace("o","xxxxx",1))
```

代码运行结果：

```
Hellxxxxx,World!
```

6. split()

split()函数利用指定的分隔符对字符串进行切片，如果指定参数 maxsplit，则仅分隔 maxsplit 个子字符串，函数的返回值是分割后的字符串列表。其语法格式如下：

```
str.split(sep=None,maxsplit=-1)
```

参数说明：

- sep：分隔符，默认为所有空字符，包括空格、换行符（\n）、制表符（\t）等。
- maxsplit：分隔次数。

【例 5.14】定义一个字符串，然后用 split()函数对其进行分隔。

```
string="Hello World!"
print(string.split())
print(string.split("o"))
```

代码运行结果：

```
['Hello', 'World!']
['Hell', ' W', 'rld!']
```

7. capitalize()

capitalize()函数用于将字符串的第一个字母变成大写，其他字母变小写，函数返回一个首字母大写的字符串。其语法格式如下：

```
str.capitalize()
```

【例 5.15】定义一个字符串，然后用 capitalize()函数将其首字母变为大写，其他字母变为小写。

```
string="hello,World!"
print(string.capitalize())
```

代码运行结果：

```
Hello,world!
```

8. title()

title()函数返回"标题化"的字符串，字符串中所有单词都是以大写开始的，其余字母均为小写。其语法格式如下：

```
str.title()
```

【例 5.16】定义一个字符串，然后用 title()函数对其进行处理。

```
string="hello,world!"
print(string.title())
```

代码运行结果：

```
Hello,World!
```

9. startswith()

startswith()函数用于检索字符串是否以指定子字符串开头，如果是，则返回 True；否则返回 False。若指定了 start 和 end 参数的值，则会在指定的范围内检索。其语法格式如下：

str.startswith(prefix[,start[,end]])

参数说明：

● prefix：要检索的子字符串。

● start：可选参数，检索范围的起始位置的索引，默认为第一个字符，此时该字符索引值为 0。

● end：可选参数，检索范围的结束位置的索引，默认为字符串的长度。

【例 5.17】定义一个字符串，然后用 startswith()函数检查是否以字符串"Hello"开头。

string="Hello,World!"
print(string.startswith("Hello"))

代码运行结果：

True

10. endswith()

endswith()函数用于检索字符串是否以指定子字符串结尾，如果是，则返回 True；否则返回 False。其语法格式如下：

str.endswith(suffix[,start[,end]])

参数说明：

● suffix：要检索的子字符串。

● start：可选参数，检索范围的起始位置的索引，默认为第一个字符，该字符索引值为 0。

● end：可选参数，检索范围的结束位置的索引，默认为字符串的长度。

【例 5.18】定义一个字符串，然后用 endswith()函数检查是否以字符串"World!"结尾。

string="Hello,World!"
print(string.endswith("World!"))

代码运行结果：

True

11. upper()

upper()函数用于将字符串中的小写字母转换为大写字母。如果字符串中没有需要被转换的字符，则将原字符串返回；否则返回一个新的字符串。其语法格式如下：

str.upper()

【例 5.19】定义一个字符串，然后用 upper()函数将其小写字母转为大写字母。

string="Hello,World!"
print(string.upper())

代码运行结果：

HELLO,WORLD!

12. lower()

lower()函数用于将字符串中的大写字母转换为小写字母。如果字符串中没有需要被转换的字符，则将原字符串返回；否则返回一个新的字符串。其语法格式如下：

str.lower()

【例 5.20】定义一个字符串，然后用 lower()函数将其大写字母转为小写字母。

```
string="Hello,World!"
print(string.lower())
```

代码运行结果：

```
hello,world!
```

13. ljust()

ljust()函数用于将原字符转换为一个左对齐，并使用字符填充至指定长度的新字符串。如果指定的字符串的长度小于原字符串的长度，则返回原字符串。其语法格式如下：

```
str.ljust(width[,fillchar])
```

参数说明：

- width：填充指定字符后新字符串的长度。
- fillchar：填充字符，默认为空格。

【例 5.21】定义一个字符串，然后用 ljust()函数使其左对齐，并用"$"对其进行填充。

```
string="Hello,World!"
print(string.ljust(20,"$"))
```

代码运行结果：

```
Hello,World!$$$$$$$$
```

14. rjust()

rjust()函数用于将原字符串转换为一个右对齐，并使用字符填充至指定长度的新字符串。如果指定的字符串的长度小于原字符串的长度，则返回原字符串。其语法格式如下：

```
str.rjust(width[,fillchar])
```

参数说明：

- width：填充指定字符后新字符串的长度。
- fillchar：填充字符，默认为空格。

【例 5.22】定义一个字符串，然后用 rjust()函数使其右对齐，并用"$"对其进行填充。

```
string="Hello,World!"
print(string.rjust(20,"$"))
```

代码运行结果：

```
$$$$$$$$Hello,World!
```

15. center()

center()函数用于返回一个宽度为 width、原字符串居中、以 fillchar 填充左右两边的字符串。其语法格式如下：

```
str.center(width[,fillchar])
```

参数说明：

- width：填充指定字符串后新字符串的长度。
- fillchar：填充字符，默认为空格。

【例 5.23】定义一个字符串，然后用 center()函数使其居中，并用"$"对其进行填充。

```
string="Hello,World!"
print(string.center(20,"$"))
```

代码运行结果：

```
$$$$Hello,World!$$$$
```

16．lstrip()

lstrip()函数用于截掉字符串左侧的空格或指定字符，返回的是一个新字符串。其语法格式如下：

```
str.lstrip([chars])
```

参数说明：

chars：指定截取的字符。

【例 5.24】定义两个字符串，然后用 lstrip()函数截取字符串左侧的空格或指定字符"$"。

```
str1="$$$$Hello,World!"
str2="      Hello,World!"
print(str1.lstrip("$"))
print(str2.lstrip())
```

代码运行结果：

```
Hello,World!
Hello,World!
```

17．rstrip()

rstrip()函数用于截取字符串右侧的空格或指定字符，返回的是一个新字符串。其语法格式如下：

```
str.rstrip([chars])
```

参数说明：

chars：指定截取的字符，默认为空格。

【例 5.25】定义两个字符串，然后用 rstrip()函数截取字符串右侧的空格或指定字符"$"。

```
str1="Hello,World!$$$$"
str2="Hello,World!      "
print(str1.rstrip("$"))
print(str2.rstrip())
```

代码运行结果：

```
Hello,World!
Hello,World!
```

18．strip()

strip()函数用于删除字符串左、右两侧的空格或指定的字符，返回的是一个新字符串。其语法格式如下：

```
str.strip([chars])
```

参数说明：

chars：指定删除的字符，默认为空格。

【例 5.26】定义两个字符串，然后用 strip()函数删除字符串头尾空格或指定字符"$"。

```
str1="$$$$Hello,World!$$$$"
str2="      Hello,World!      "
print(str1.strip("$"))
print(str2.strip())
```

代码运行结果：

```
Hello,World!
Hello,World!
```

5.3 项 目 分 解

实例讲解字符串的
声明和拼接

任务 1：实例讲解字符串的声明和拼接

将学生王军的个人信息保存到变量中，并输出他的个人信息，得到
如下内容：

（1）"他叫王军，今年 18 岁，他的身高是 180.5 厘米。"

（2）"重要的事情说三遍：他 Python 期末考试得了满分！他 Python 期末考试得了满分！
他 Python 期末考试得了满分！"

【任务代码 01】用单引号（' '）来声明字符串，并对字符串进行拼接和复制操作。

```
name='王军'                    #字符串的声明
age=18
height=180.5
s1='重要的事情说三遍：'          #字符串的声明
s2='他 Python 期末考试得了满分！'  #字符串的声明
print('他叫'+name+'，今年'+str(age)+'岁，他的身高是'+str(height)+'厘米。')  #字符串的拼接
print(s1+s2*3)                 #字符串的拼接和复制
```

代码运行结果：

```
他叫王军，今年 18 岁，他的身高是 180.5 厘米。
重要的事情说三遍：他 Python 期末考试得了满分！他 Python 期末考试得了满分！他 Python 期末考试得
了满分！
```

上述任务代码中，使用单引号来声明字符串，再使用运算符"+"连接多个字符串并产生
一个新的字符串，最后使用运算符"＊"来重复输出一些字符串。

任务 2：实例讲解字符转义

实例讲解字符转义

假如任务 1 所示的学生信息中包含一对单引号（' '），此时需要输出的内
容为 "他叫'王军'，今年 18 岁，是一名计算机网络技术专业的学生，他的身
高是 180.5 厘米。"。

【任务代码 02】用单引号来声明含有单引号的字符串，需要用反斜杠（\）来对字符串中
的"'"进行转义，避免产生歧义。

```
str='他叫\'王军\'，今年 18 岁，是一名计算机网络技术专业的学生，他的身高是 180.5 厘米。'
print(str)
```

代码运行结果：

```
他叫'王军'，今年 18 岁，是一名计算机网络技术专业的学生，他的身高是 180.5 厘米。
```

上述任务代码中，使用单引号来声明字符串，对于字符串中出现的"'"，为了避免产生歧
义，使用"\"对其进行转义。此处，"\"转义字符表示之后的一个字符没有特殊含义。

任务 3：实例讲解字符串的格式化

实例讲解字符串的
格式化

使用"%"操作符和 format()函数格式化输出保存公司信息的字符串，输
出内容如下：

（1）"编号：00001　公司名称：新浪　官网：https://www.sina.com"；

（2）"编号：00002　公司名称：百度　官网：https://www.baidu.com"。

【任务代码 03】 定义一个保存公司信息的字符串模板，然后应用模板输出不同公司的信息。

```
template='编号：%05d\t 公司名称：%s\t 官网：https://www.%s.com'    #定义模板
context1=(1,'新浪','sina')                 #定义要转换的内容 1
context2=(2,'百度','baidu')                #定义要转换的内容 2
print(template%context1)                   #格式化输出
print(template%context2)                   #格式化输出
template='编号：{0>5s}\t 公司名称：{:s}\t 官网：https://www.{:s}.com'  #定义模板
context1=template.format('1','新浪','sina')      #转换内容 1
context2=template.format('2','百度','baidu')     #转换内容 2
print(context1)                            #输出格式化后的字符串
print(context2)                            #输出格式化后的字符串
```

代码运行结果：

```
编号：00001    公司名称：新浪      官网：https://www.sina.com
编号：00002    公司名称：百度      官网：https://www.baidu.com
编号：00001    公司名称：新浪      官网：https://www.sina.com
编号：00002    公司名称：百度      官网：https://www.baidu.com
```

上述任务代码中，先定义一个保存公司信息的模板，在这个模板中预留几个空位，然后再根据需要填上相应的内容，最后使用"%"操作符和 format()函数格式化输出保存公司信息的字符串。

任务 4：实例讲解字符串的常用操作

实例讲解字符串的
常用操作

将字符串"Hello Python，我们都学 Python!"保存到变量中，并对其进行以下操作：

（1）获取字符串的长度；

（2）统计字符串"Python"在原字符串中出现的次数；

（3）查找"Python"在原字符串中的初始索引位置；

（4）将原字符串中所有的英文字母都转换为小写；

（5）将原字符串中的"Python"替换为"C 语言"；

（6）将原字符串用","进行分隔；

（7）去除原字符串的首尾空格；

（8）在原字符串的首尾各添加 4 个"*"。

【任务代码 04】 声明一个字符串，然后应用字符串内建函数来对字符串进行一些常规操作。

```
str='   Hello Python，我们都学 Python!   '
print(len(str))                   #获取字符串的长度
print(str.count('Python'))        #统计字符串"Python"在原字符串中出现的次数
print(str.find('Python'))         #查找字符串"Python"在原字符串中的初始索引位置
print(str.lower())                #将原字符串中所有的英文字母都转换为小写
print(str.replace('Python','C 语言'))  #将原字符串中的"Python"替换为"C 语言"
print(str.split(','))             #将原字符串用","进行分隔
print(str.strip())                #去除原字符串的首尾空格
print(str.center(36,'*'))         #在原字符串的首尾各添加 4 个"*"
```

代码运行结果：

```
28
2
8
    hello python，我们都学 python!
    Hello C 语言，我们都学 C 语言!
['  Hello Python', '我们都学 Python!   ']
Hello Python，我们都学 Python!
****  Hello Python，我们都学 Python!   ****
```

上述任务代码中，声明一个字符串，运用 len()、count()、find()等常用字符串内建函数对字符串进行了一些常规操作，并输出运行结果。

5.4 项 目 总 结

本项目首先介绍了 Python 字符串的相关知识，包括字符串的含义、字符串的声明和拼接、字符串的索引和切片、格式化字符串、字符串的输入、字符串的常用内建函数等。最后通过 4 个任务的上机实践使读者熟练掌握了字符串的使用。

5.5 习　　题

一、选择题

1．下列数据中，不属于字符串的是（　　）。

    A．'ab'　　　　　　　　B．'''abcde '''　　　　C．"abcd"　　　　D．abc

2．字符串 s='abc'，那么执行表达式 s+'d'之后，s 的输出结果是（　　）。

    A．'abc'　　　　　　　B．'abcd'　　　　　　C．'abc+d'　　　　D．报错

3．当需要在字符串中使用特殊字符时，Python 使用（　　）作为转义字符。

    A．\　　　　　　　　B．/　　　　　　　　C．#　　　　　　　　D．%

4．字符串"Hello,World!"中，字符"W"对应的下标位置为（　　）。

    A．5　　　　　　　　B．6　　　　　　　　C．7　　　　　　　　D．8

5．下列函数中，能够返回某个子串在字符串中出现次数的是（　　）。

    A．len()　　　　　　　B．index()　　　　　　C．count()　　　　D．find()

6．下列函数中，能够将所有单词的首字母转换为大写的是（　　）。

    A．capitalize()　　　　B．title()　　　　　　C．upper()　　　　D．ljust()

7．字符串的 strip()函数的作用是（　　）。

    A．删除字符串头尾指定的字符　　　　　B．删除字符串末尾的指定字符

    C．删除字符串头部的指定字符　　　　　D．通过指定分隔符对字符串切片

8．以下关于 Python 字符串的描述中，错误的是（　　）。

    A．字符串是用一对双引号（" "）或者单引号（' '）括起来的零个或者多个字符

    B．Python 字符串提供区间访问方式，采用[N:M]格式，表示字符串中从 N 到 M 的索

引子字符串（包含 N 和 M）

    C．字符串可以保存在变量中，也可以单独存在

    D．字符串是字符的序列，可以按照单个字符或者字符片段进行索引

9．已知 s="0123456789 "，以下表示"0123 "的是（　　　）。

    A．s[-10:-5]　　　　B．s[1:5]　　　　C．s[0:3]　　　　D．s[0:4]

10．下列函数中能够用逗号（,）分隔字符串的是（　　　）。

    A．split()　　　　B．strip()　　　　C．center()　　　　D．replace()

11．以下代码的运行结果是（　　　）。

```
a="Python programming"
b=a[:4]+a[-3:]
print(b)
```

    A．oi　　　　B．Pythi　　　　C．Pything　　　　D．Pythoing

二、填空题

1．字符串是一种表示_____的数据类型。

2．使用运算符_____可以连接多个字符串并产生一个新的字符串。

3．有两种常用的格式化字符串的方法：使用_____格式化和使用_____格式化。

4．_____指的是对操作的对象截取其中的一部分。

5．删除字符串头部的空格，可以使用_____函数。

三、编程题

1．接收输入的一行字符，统计字符串中包含数字的个数。

2．输入字符串 s，输出一个宽度为 15 的字符串，字符串 s 居中显示，以"="填充。如果输入字符串超过 15 个字符，则输出 s 的前 15 个字符。

3．将字符串"Hello,World!"中的"World"替换为"Python"，输出替换后的字符串。

4．编写程序，要求用户输入一个身份证号，然后输出生日、性别。例如，输入"*****199405217490"，则输出信息"1994 年 05 月 21 日男"。

5．编写程序，根据用户输入的英文字符输出相应的中文日期。例如，输入"M"返回"星期一"。需要注意的是，有些日期的英文单词首字母相同，此时需要用户再输入一个字符判断。

项目 6 函　　数

- 了解函数的概念。
- 掌握函数的创建和调用方式。
- 掌握函数的参数传递和返回值。
- 掌握函数的嵌套调用。
- 理解局部变量和全局变量的区别。
- 掌握匿名函数的使用。

育人目标

- 养成良好的编码习惯，代码书写规范。
- 培养学生耐心细致、严谨踏实、精益求精的工作作风，养成良好的职业素养。

6.1　项 目 引 导

在前面项目的学习中，所有编写的代码都是从上到下依次执行的，而在实际开发中，在程序中需要多次执行相同任务时，如果将该段代码复制多次，则必然影响开发效率。如何解决这样的问题呢？Python 中提供了函数来解决此类问题。

我们可以把需要反复执行的代码抽象为一个函数，如果需要使用这段代码的功能，则随时调用即可，这样可提高代码的可靠性，并且能够实现代码的复用。在程序设计时把大任务拆分成多个函数，也有利于复杂问题的简单化。通过使用函数，程序的编写、阅读、测试和修复都将变得更加轻松。

6.2　技 术 准 备

6.2.1　函数的创建和调用

1. 创建函数

创建函数也称定义函数，在 Python 中使用 def 关键字实现，其语法格式如下：

```
def functionName([parameterList]):
    ['''comments''']
    [functionBody]
```

参数说明：

- functionName：函数名，在调用函数时使用。
- parameterList：参数列表，可选项，用于指定向当前函数传递的参数类型和个数。如果当前函数不需要传入参数，则此处为空，但是一对圆括号不能省略，表示该函数没有参数，在调用时也不指定实际参数；如果有多个参数，则各参数间使用逗号分隔。
- comments：注释，可选项。注释的内容通常是说明该函数的功能以及要传的参数的作用等，如果该函数被调用，则输入函数名及左侧的圆括号就是显示此注释内容，为用户提供提示和帮助信息。
- functionBody：函数体，可选项。如果定义一个什么也不做的空函数，则函数体可以使用 pass 语句作为占位符。当函数体不为空时，函数被调用则执行函数体中的功能代码，如果函数调用结束需要返回值，则函数体中可以使用 return 语句返回。

注意：参数 comments 和函数体 functionBody 相对于关键字 def 必须保持一定的缩进。

【例 6.1】自定义函数 changechar，将字符串中所有的"Java"替换为"Python"。

```
def changechar(string):
    '''功能：将字符串中所有的"Java"替换为"Python"，并将替换后的结果输出
    string:要替换的字符串
    没有返回值
    '''
    string = string.replace('Java', 'Python')
    print(string)
```

运行上面的代码，控制台中不显示任何内容，也不抛出异常，因为当前 changechar()函数还没有被调用，因此其功能代码并未被执行。

2. 调用函数

可以把自定义函数想象成我们制作出的一个工具，那么现在就需要使用这个工具，也就是调用这个自定义函数，调用函数就是执行这个函数。调用函数的语法格式如下：

```
functionName([parameterValue])
```

参数说明：

- functionName：函数名。需要调用哪个函数就写这个已创建函数的函数名。
- parameterValue：参数值，可选。用于指定需要传递的参数，如果定义的函数没有参数，则这里调用时直接写一对圆括号即可；如果定义的函数有多个参数，并且调用的时候需要传递多个参数，则各参数间用逗号分隔。

【例 6.2】将字符串"人生苦短，我学 Java!"中所有的"Java"替换为"Python"，通过调用例 6.1 中定义的函数 changechar()实现。

```
string = "人生苦短，我学 Java！"
changechar(string)
```

代码运行结果：

```
人生苦短，我学 Python！
```

6.2.2　参数传递

在调用函数时，大多数情况下，主调函数与被调函数之间有数据传递关系。如例 6.1 和

例 6.2 中，在调用 changechar()函数的时候，就向其传递了一个字符串"人生苦短，我学 Java！"，然后由被调函数 changechar()对接收的数据进行字符串替换的操作处理，最后输出处理结果。

1. 形式参数与实际参数

仍然以例 6.1 和例 6.2 为例。

```
def changechar(string):
    '''功能：将字符串中所有的"Java"替换为"Python"，并将替换后结果输出
    string:要替换的字符串
    没有返回值
    '''
    string = string.replace('Java', 'Python')
    print(string)
```

形式参数：以上代码的作用是定义函数，在定义函数时，函数名后面圆括号中的参数 string 即为"形式参数"。

```
string = "人生苦短，我学 Java！"
changechar(string)
```

实际参数：以上代码的作用是调用自定义函数 changechar()，在调用函数时，函数名后面圆括号中的参数 string 即为"实际参数"。

2. 值传递和引用传递

函数调用者提供给被调函数的参数称为"实际参数"，根据实际参数的类型的不同，可以分为值传递和引用传递两种。

值传递和引用传递

如果将实际参数的值传递给形式参数，则进行的就是值传递；如果将实际参数的引用传递给形式参数，则进行的是引用传递。值传递时，实际参数为不可变对象，改变形式参数的值，实际参数的值不变；而引用传递时，实际参数为可变对象，改变形式参数的值，实际参数的值也一同改变。

【例 6.3】值传递与引用传递。

```
#定义函数
def demo(obj):
    obj += obj


#调用函数
print("值传递示例：")
str = "人生苦短，我学 Python"
print("函数调用前：",str)
demo(str)
print("函数调用后：",str)
print("引用传递示例：")
ls = ['C','Java','Python']
print("函数调用前：",ls)
demo(ls)
print("函数调用后：",ls)
```

代码运行结果：

```
值传递示例：
函数调用前：人生苦短，我学 Python
```

函数调用后：人生苦短，我学 Python

引用传递示例：

函数调用前：['C', 'Java','Python']

函数调用后：['C', 'Java','Python', 'C', 'Java','Python']

上述代码中，字符串是不可变对象，调用 demo()函数时，进行值传递，改变形式参数 obj 的值后，实际参数 str 的值不改变；列表是可变对象，调用 demo()函数时，进行引用传递，改变形式参数 obj 的值后，实际参数 ls 的值随之改变。

3. 位置参数

位置参数也称必备参数，在调用时的数量和位置必须和定义时一样，也就是说，参数必须按照正确的顺序传到被调函数中。

（1）数量必须与定义时一致。调用函数时，实际参数的数量必须与形式参数的数量一致，否则代码将抛出 TypeError 异常，提示缺少必要的位置参数。

【例 6.4】 BMI 指数。

```
#定义函数
def personbmi(personName,height,weight):
        '''功能：根据 height（身高）和 weight（体重）计算 BMI 指数
        personName: 姓名
        height: 身高，单位：米
        weight: 体重，单位：千克
        '''
        bmi = round(weight/(height*height),7)
        print(personName , "的 BMI 值：", str(bmi) )


#调用函数
personbmi("张三",1.78,60)
```

代码运行结果：

张三的 BMI 值：18.9370029

以上代码在调用 personbmi()函数时，实际参数的数量与形式参数的数量是一致的，代码运行正常，若调用如下函数：

personbmi("张三",1.78)

则代码运行后，将显示异常信息，抛出 TypeError 异常，并提示 personbmi()函数缺少一个必要的位置参数 weight。

（2）位置必须与定义时一致。调用函数时，实际参数的位置必须与形式参数的位置一致，否则代码可能产生以下两种结果。

1）抛出 TypeError 异常。调用函数时，实际参数的位置与形式参数的位置不一致，可能导致对应位置上的实际参数与形式参数的类型不一致。如果这两个类型不能正常转换，则会抛出异常。以例 6.4 为例，若调用如下函数：

personbmi(1.78,"张三",60)

则代码运行后，将显示异常信息，抛出异常为 TypeError，因为传的字符串无法参与数值计算。

2）产生的结果与预期不符。调用函数时，如果实际参数的位置与形式参数的位置不一致，但是数据类型一致，或者可以正常转换，则不会抛出异常，但是产生的结果会与预期结果不符。

以例 6.4 为例，若调用如下函数：

```
personbmi( "张三",60,1.78)
```

则代码运行结果为

```
张三的 BMI 值：0.0004944
```

从运行结果可以看出，程序虽然能够正常运行，没有抛出 TypeError 异常，但是计算的结果与预期结果是不符的。

4．关键字参数

关键字参数是指使用形式参数的名字来确定输入的参数值，只要在调用时将参数名书写正确即可，实际参数不再需要与形式参数的位置完全一致。这样用户不需要牢记参数位置，使函数的调用和参数的传递更加方便灵活。

以例 6.4 为例，若调用如下函数：

```
personbmi( personName = "张三",weight = 60,height = 1.78)
```

则代码运行结果为

```
张三的 BMI 值：18.9370029
```

从运行结果可以看出，虽然实际参数与形式参数的顺序不一致，但是由于在指定实际参数时使用了参数名，运行结果仍然是正确的。

5．为参数设置默认值

调用函数时，所有的形式参数都需要指定实际参数，如果没有指定某个参数则将抛出异常。有的时候，我们希望某些参数的值可指定实际参数，也可不指定实际参数，当不指定实际参数时，可以使用默认值来带入操作处理。

为了实现上述的想法，我们可以为参数设置默认值，即在定义函数时，直接给某些形式参数指定默认值。定义带有默认值参数的函数语法格式如下：

```
def functionName(…,[parameter1 = defaultValue1])
['''comments''']
[functionBody]
```

参数说明：

● functionName：函数名，在调用函数时使用。

● parameter1=defaultValue1：可选参数，用于向形式参数 parameter1 设置默认值 defaultValue1。需要注意的是，定义函数时，指定默认的形式参数必须在所有参数的最后，否则将产生语法错误。

● comments：注释，可选项。

● functionBody：函数体，可选项。

按照如上要求，修改例 6.4 的代码如下：

```
#定义函数
def personbmi(height,weight, personName = '某人'):
        '''功能：根据 height（身高）和 weight（体重）计算 BMI 指数
        personName：姓名
        height：身高，单位：米
        weight：体重，单位：千克
        '''
        bmi = round(weight/(height*height),7)
```

```
        print(personName ,"的 BMI 值：", str(bmi) )
#调用函数
personbmi(1.78,60)
```

代码运行结果：

某人的 BMI 值：18.9370029

可变参数

6. 可变参数

Python 中允许定义可变参数，即传入函数中的实际参数可以是任意多个，所以可变参数也称不定长参数。

定义可变参数，主要有以下两种形式：

（1）*parameter：这种形式表示接收任意多个实际参数并将其放到一个元组中。

【例 6.5】打印输出我国的名胜景点。

```
#定义函数
def printScenicSpots(*scenicSpots):
    print("\n 我国的名胜景点有：")
    for item in scenicSpots:
        print(item)
#调用函数
printScenicSpots("故宫","颐和园","长城")
ls = ["龙门石窟","大雁塔","明孝陵"]
printScenicSpots(*ls)
```

代码运行结果：

我国的名胜景点有：
故宫
颐和园
长城

我国的名胜景点有：
龙门石窟
大雁塔
明孝陵

（2）**parameter：这种形式表示接收任意多个实际参数，这些实际参数类似于关键字参数，可以显式赋值，所有实际参数会以字典形式进行存储。

【例 6.6】打印输出我国各省市的名胜景点。

```
#定义函数
def printScenicSpots(**scenicSpots):
    print("\n 我国的名胜景点有：")
    for key,value in scenicSpots.items():
        print(key , "-名胜景点：", value)
#调用函数
printScenicSpots(北京="故宫",安徽="黄山")
dict1 = {'上海':'东方明珠','成都':'武侯祠'}
printScenicSpots(**dict1)
```

代码运行结果：

我国的名胜景点有：

北京-名胜景点：故宫
安徽-名胜景点：黄山

我国的名胜景点有：
上海-名胜景点：东方明珠
成都-名胜景点：武侯祠

6.2.3　返回值

在前面的示例中，调用自定义函数完成相应操作后，均在自定义函数中完成结果的输出操作。但有的时候，在调用自定义函数完成操作后，需要将函数的处理结果返回给调用它的程序，这就需要在自定义函数中设置返回值。

Python 中，可以使用 return 语句为函数指定返回值，返回值可以是任意类型，一旦执行了 return 语句，函数调用执行结束，返回调用它的程序。

return 语句的语法格式如下：

```
return [value]
```

参数说明：

- return：语句，当函数中没有 return 语句，或者省略了 return 语句的参数时，将返回空值，也就是 None。
- value：返回值，可选项。用于指定要返回的值，可以返回一个值，也可以返回多个值。如果返回一个值，则此处的 value 就是返回的一个值，可以为任意类型；如果返回多个值，则此处的 value 保存的是一个元组。

【例 6.7】 改写例 6.4 的代码，用自定义函数 personbmi()计算出 bmi 值后，将结果返回输出。

```
#定义函数
def personbmi(personName,height,weight):
        '''功能：根据 height（身高）和 weight（体重）计算 BMI 指数
        personName：姓名
        height：身高，单位：米
        weight：体重，单位：千克
        '''
        bmi = round(weight/(height*height),7)
        return bmi
#调用函数
bmivalue = personbmi("张三",1.78,60)
print("BMI 值：" , str(bmivalue) )
```

代码运行结果：

```
BMI 值：18.9370029
```

从运行结果可以看出，personbmi()函数在计算出 bmi 值之后，通过 return 语句将结果返回到调用的程序的 bmivalue 变量中进行保存，然后在主调程序中输出相应的结果。

【例 6.8】 某电商平台双"十一"全网跨店满减，每满 300 减 30，请编写程序计算购买商品的总计金额和满减后的应付金额。

```
#定义函数
def statisticalAmount (money):
```

```
    '''功能：计算购买商品的总计金额以及满减后的应付金额
    money：购买商品的金额列表
    返回购买商品的总计金额以及满减后的应付金额
    '''
    total = sum(money)
    multi = total//300
    result = total - multi*30
    return total,result
#调用函数
ls_money = []
while True:
    inputmoney = int(input("请输入购买商品的金额（输入 0 表示输入结束）："))
    if int(inputmoney) == 0:
        break;
    else:
        ls_money.append(inputmoney)
money = statisticalAmount (ls_money)
print("购买商品总计金额：",money[0],"，应付金额：",money[1])
```

代码运行结果：

```
请输入购买商品的金额（输入 0 表示输入结束）：20
请输入购买商品的金额（输入 0 表示输入结束）：45
请输入购买商品的金额（输入 0 表示输入结束）：123
请输入购买商品的金额（输入 0 表示输入结束）：345
请输入购买商品的金额（输入 0 表示输入结束）：234
请输入购买商品的金额（输入 0 表示输入结束）：0
购买商品总计金额：767 ，应付金额：707
```

从运行结果可以看出，调用函数 statisticalAmount()时传入的是一个列表，函数对数据进行处理计算后，return 语句返回两个值——总计金额和应付金额，以元组存储返回到主调程序中进行输出。

6.2.4　变量的作用域

Python 程序中可以定义多个函数，每个函数中可能有若干个变量，这些变量是所有函数都可以访问使用的吗？肯定并非如此，这就涉及变量的"有效范围"的问题。变量的作用域是指程序代码能够访问该变量的区域，根据区域的不同，将变量分为局部变量和全局变量。

1. 局部变量

局部变量是指在函数内部定义并使用的变量，它只在该函数内有效，只有当该函数运行时此变量才会被创建，在函数运行之前或者运行完毕之后，该变量名就不存在了。因此，如果在函数外使用了函数内部定义的变量，则会抛出 NameError 异常。

【例 6.9】局部变量。

```
#定义函数
def statisticalAmount (money):
    '''功能：计算购买商品的总计金额以及满减后的应付金额
    money：购买商品的金额列表
```

```
                        返回购买商品的总计金额以及满减后的应付金额
                        """
                        total = sum(money)
                        multi = total//300
                        result = total – multi*30
        #调用函数
        ls_money = []
        while True:
                inputmoney = float(input("请输入购买商品的金额（输入 0 表示输入结束）: "))
                if int(inputmoney) == 0:
                        break;
                else:
                        ls_money.append(inputmoney)

        print("购买商品总计金额: "total, ",  应付金额: ",result)
```

运行上述代码，会抛出 NameError 异常，提示 total 和 result 未定义。这是因为变量 total 和 result 是在 statisticalAmount()函数内部定义的，它们的作用域仅在 statisticalAmount()函数内部有效，当 statisticalAmount()函数调用结束后，变量 total 和 result 的名字也就不存在了。

2. 全局变量

全局变量顾名思义是指能够作用于函数内外全部区域的变量。全局变量主要有以下两种情况。

变量作用域

（1）将变量定义在函数外，此变量在函数内外区域均可以访问。

【例 6.10】全局变量。

```
info = "人生苦短，我学 Python"
#定义函数
def printinfo():
        print("函数体内: ",info);
#调用函数
printinfo()
print("函数体外: ",info);
```

代码运行结果：

```
函数体内: 人生苦短，我学 Python
函数体外: 人生苦短，我学 Python
```

【例 6.11】全局变量。

```
info = "人生苦短，我学 Python"
#定义函数
def printinfo():
        info = "人生苦短，我学 Java"
        print("函数体内: ",info);
#调用函数
printinfo()
print("函数体外: ",info);
```

代码运行结果：

```
函数体内: 人生苦短，我学 Java
函数体外: 人生苦短，我学 Python
```

在例 6.11 中，printinfo()函数中的局部变量 info 与全局变量 info 重名了，调用 printinfo()
函数对函数体的局部变量 info 进行重新赋值后，不影响函数体外的全局变量 info。

尽管在 Python 中允许全局变量与局部变量重名，但在实际开发中不建议这样命名，因为
容易让代码混乱，无法分清哪些是全局变量，哪些是局部变量。

（2）在函数体内定义，使用 global 关键字修饰，该变量也将成为全局变量，这时，此变
量可以在函数体外被访问，并且在函数体内可以对其进行修改。

【例 6.12】全局变量。

```
info = "人生苦短，我学 Python"
print("info 变量初值：",info)
#定义函数
def printinfo():
    global info
    info = "人生苦短，我学 Java"
    print("函数体内：",info)
#调用函数
printinfo()
print("函数体外：",info)
```

代码运行结果：

```
info 变量初值：人生苦短，我学 Python
函数体内：人生苦短，我学 Java
函数体外：人生苦短，我学 Java
```

从运行结果可以看出，当函数体内的变量使用 global 修饰之后，其将成为全局变量，在
函数体内可修改全局变量的值。

6.2.5　匿名函数

匿名函数顾名思义就是指没有名字的函数。当在编程时，如果需要使用一个函数，但是
又不想花费时间去命名这个函数，则可以使用匿名函数。

Python 中使用 lambda 关键字创建匿名函数的语法格式如下：

```
result = lambda [arg1[,arg2,arg3,…,argn]]:expression
```

参数说明：

- result：变量，用于调用 lambda 语句，lambda 语句作为对象会将结果赋值给它。
- lambda：定义匿名函数的关键字。
- [arg1[,arg2,arg3,…,argn]]：参数列表，可选项。用于指定要传递的参数列表，多个参
  数之间使用逗号进行分隔。
- expression：指定一个实现具体功能的表达式，必选项，有且仅有一个，即只能返回
  一个值，且只能为表达式，不能是其他非表达式语句（如 for 语句等）。如果前面参
  数列表中存在参数，则在该表达式中将应用这些参数。

【例 6.13】计算长方形的周长。

```
def perimeter(l,w):
    peri = 2 * (l + w)
    return peri
l=3
```

```
w=4
print("长方形的周长为：", perimeter(l,w))
```
代码运行结果：

长方形的周长为：14

【例 6.14】使用 lambda 语句计算长方形的周长。
```
l=3
w=4
result = lambda l,w:2*(l+w)
print("长方形的周长为：", result(l,w))
```
代码运行结果：

长方形的周长为：14

6.2.6 嵌套函数

嵌套函数

Python 允许在一个函数中定义另一个函数，即为函数嵌套。定义在其他函数内部的函数称为内建函数，包含内建函数的函数称为外部函数。

【例 6.15】计算平均值。
```
#定义函数
def mean(*data):
    def total(data):
        sum = 0
        for item in data:
            sum += item
        return sum
    return total(data)/len(data)
    #调用函数
ls = [10,20,30,40,50]
print("平均值：",mean(*ls))
```
代码运行结果：

平均值：30.0

我们在前面介绍了局部变量与全局变量的概念，需要注意的是，内建函数中的局部变量是独立于外部函数的。也就是说，如果想要使用外部函数的变量，则需要声明该变量为全局变量。

【例 6.16】计算平均值。
```
#定义函数
def mean(*data):
    sum = 60
    print("调用 total()函数之前，sum=",sum)
    def total(data):
        sum = 0
        for item in data:
            sum += item
        return sum
    t = total(data)
```

```
        print("调用 total()函数之后，返回值 sum=",t)
        print("调用 total()函数之后，sum=",sum)
        return t / len(data)
#调用函数
ls = [10,20,30,40,50]
print("平均值：",mean(*ls))
```

代码运行结果：

```
调用 total()函数之前，sum= 60
调用 total()函数之后，返回值 sum= 150
调用 total()函数之后，sum= 60
平均值：30.0
```

从运行结果可以看出，内建函数 total()中的变量 sum 与外部函数 mean()中的变量 sum 重名，内建函数中的变量 sum 的值修改为 150 之后，并没有影响外部函数中变量 sum 的值。

如果将上述代码修改如下：

```
#定义函数
def original():
    x = 15
    def change():
        global x
        x = 20
    print("change()函数内，original()中 x= ", x)
    print("调用 change()之前，x= ", x)
    print("调用 change()")
    change()
    print("调用 change()之后，original()中 x= ", x)
#调用函数
original()
print("主调程序，x= ",x)
```

代码运行结果：

```
change()函数内，original()中 x= 15
调用 change()之前，x= 15
调用 change()
调用 change()之后，original()中 x= 15
主调程序，x= 20
```

从运行结果可以看出，change()函数的变量 x 是全局变量，它的变化会影响主调程序中 x 的值，而 original()函数中的 x 是局部变量，仅在其函数内有效，全局变量 x 的变化并不会影响到它。

如果将代码修改如下，请自行分析运行结果：

```
#定义函数
def original():
    global x
    x = 15
    def change():
```

```
            global x
            x = 20
        print("change()函数内，original()中 x= ", x)
        print("调用 change()之前，x= ", x)
        print("调用 change()")
        change()
        print("调用 change()之后，original()中 x= ", x)
#调用函数
original()
print("主调程序，x= ",x)
```

代码运行结果：

```
change()函数内，original()中 x= 15
调用 change()之前，x= 20
调用 change()
调用 change()之后，original()中 x= 20
主调程序，x= 20
```

6.3 项 目 分 解

任务 1：实例讲解使用函数完成累加操作

学会自定义函数并实现对自定义函数的调用。

【任务代码 01】编写程序实现用户从键盘输入累加数字及其个数 num，完成 num 个数的累加操作。

```
#定义函数
def sum(num):
    total = 0
    for i in range(num):
        total += int(input("请输入待累加的数："))
    return total

#调用函数
num = int(input("请输入累加的数字个数："))
print("累加和：",sum(num))
```

代码运行结果：

```
请输入累加的数字个数：3
请输入待累加的数：12
请输入待累加的数：34
请输入待累加的数：46
累加和：92
```

上述任务代码中，通过 sum()函数实现数字的累加，由主调程序将累加的个数传递过去，sum()函数处理完成后，将结果返回给主调程序并输出。

任务 2：实例讲解使用函数完成指定数据的输出

主调函数向自定义函数传递的参数为容器型的数据，我们使用自定义函数输出指定数据的值。

【任务代码 02】编写程序实现将容器型数据中奇数位的索引对应的元素输出。

```python
#定义函数
def getType(lst):
        '''
        打印所有奇数位索引对应的元素
        lst: 容器型数据
        '''
        if isinstance(lst,dict):
            print("字典容器型没有索引")
        elif isinstance(lst,set):
            print("集合容器型没有索引")
        elif isinstance(lst,(str,list,tuple)):
            for i in range(len(lst)):
                if i % 2 == 1:
                    print(lst[i], end='\t')
            print()
#调用函数
s1 =[1,3,5]                        #列表
s2 ='python'                       #字符串
s3 =(1,3,5)                        #元组
s4 ={'python':96,'java':95}        #字典
s5 ={1,3,5,7}                      #集合
getType(s1)
getType(s2)
getType(s3)
getType(s4)
getType(s5)
```

代码运行结果：

```
3
y       h       n
3
字典容器型没有索引
集合容器型没有索引
```

上述任务代码中，通过调用 getType()函数实现输出奇数位的索引对应的元素，由主调程序将容器型的数据传递过去，getType()函数会判断容器的类型。因为字典和集合没有索引，所以会输出提示消息；如果是字符串、列表或者元组，则会将奇数位的索引对应的元素输出。

任务 3：实例讲解通过函数解决鬼谷算题

鬼谷算题是《孙子算经》上有名的"孙子问题"（又称"物不知数题"）。原题目如下：

今有物不知其数，三三数之剩二，五五数之剩三，七七数之剩二。问物几何？

用通俗的话来说，题目的意思就是有一些物品，不知道有多少个，只知道将它们三个三个地数，会剩下两个；五个五个地数，会剩下三个；七个七个地数，也会剩下两个。这些物品的数量是多少个？

接下来使用 Python 中的函数，结合前面所学习的程序流程等知识点，解决鬼谷算题。

【任务代码 03】 编写程序实现，通过调用函数传递给被调函数需要查找的范围，然后，查找在此范围内所有符合鬼谷算题要求的数，返回给主调程序并输出。

```python
def ghostValley(min,max):
    ls = []
    for i in range(min,max):
        if i%3 == 2 and i%5 ==3 and i%7 == 2:
            ls.append(i)
    return ls

min = int(input("请输入查询的下边界："))
max = int(input("请输入查询的上边界："))
print(ghostValley(min,max))
```

代码运行结果：

```
请输入查询的下边界：200
请输入查询的上边界：400
[233, 338]
```

任务 4：实例讲解通过函数实现学生信息管理系统

使用 Python 中的函数内容，结合前面所学习的序列等知识点，完成一个简单的学生信息管理系统。

【任务代码 04】 编写程序实现，通过调用函数打印系统的主菜单，然后用户可根据菜单目录选择不同的菜单功能，根据选择菜单的不同，调用不同的函数实现相应的功能。参考代码中包含录入、打印、删除、修改和查询功能，其中删除和修改功能尚未实现，请根据所学知识自行实现。

```python
import sys
ls_stu = []
#菜单
def menu():
    print("==========  学生信息管理系统  ==========")
    print("=          1.录入学生信息              =")
    print("=          2.打印学生信息              =")
    print("=          3.删除学生信息              =")
    print("=          4.修改学生信息              =")
    print("=          5.查询学生信息              =")
    print("=          0.退出系统                  =")
    print("====================================")

#录入
def insert():
```

```python
        num = int(input("请输入录入学生的数量："))
        for i in range(num):
            id = input("请输入学生的学号：")
            if not id:break
            name = input("请输入学生的姓名：")
            if not name:break
            python = float(input("请输入 Python 课程成绩："))
            java = float(input("请输入 Java 课程成绩："))
            stu = {'ID':id,'Name':name,'Python':python,'Java':java}
            ls_stu.append(stu)

#打印
def printAll():
    If len(ls_stu) == 0:
        print("当前系统无存储信息！")
        return
    print('ID','        ','Name','     ','Python',' ','Java')
    for item in ls_stu:
        for key,value in item.items():
            print(value,end='\t')
        print()

#查询
def search():
    if len(ls_stu) == 0:
        print("当前系统无存储信息！")
        return
    flag = False
    findId = input("请输入待查询学生的 id：")
    for item in ls_stu:
        if item['ID'] == findId:
            print('ID','        ','Name','     ','Python','        ','Java')
            for key,value in item.items():
                print(value,end='\t')
                flag = True
        break

    if flag == False:
        print("您查询的学生不存在！")

menu()
while True:
    choice = int(input("请输入功能选择："))
    if choice == 1:
        print("---进入录入功能")
        insert()
```

```
        elif choice == 2:
            print("---进入打印功能")
            printAll()
        elif choice == 3:
            print("删除功能开通中……")
        elif choice == 4:
            print("修改功能开通中……")
        elif choice == 5:
            print("---进入查询功能")
            search()
        elif choice == 0:
            print("退出系统，下次再见！")
            sys.exit(0)
        else:
            print("您输入的功能代码不正确！")
```

代码运行结果：

```
========= 学生信息管理系统 =========
=            1.录入学生信息            =
=            2.打印学生信息            =
=            3.删除学生信息            =
=            4.修改学生信息            =
=            5.查询学生信息            =
=            0.退出系统               =
==================================

请输入功能选择：1
---进入录入功能

请输入录入学生的数量：2
请输入学生的学号：1001
请输入学生的姓名：张三
请输入 Python 课程成绩：23
请输入 Java 课程成绩：44

请输入学生的学号：1002
请输入学生的姓名：李四
请输入 Python 课程成绩：23
请输入 Java 课程成绩：44

请输入功能选择：5
---进入查询功能

请输入待查询学生的 id：1002
ID       Name      Python    Java
1002     李四       23.0      44.0
请输入功能选择：5
---进入查询功能
```

```
请输入待查询学生的 id：1003
您查询的学生不存在！

请输入功能选择：5
---进入查询功能

请输入待查询学生的 id：1001
ID        Name        Python    Java
1001      张三         23.0      44.0
```

6.4　项　目　总　结

本项目首先介绍了函数的基础知识，其次介绍了函数定义和调用的方法，然后讲解了函数的参数、返回值等内容，并对匿名函数和嵌套函数做了介绍，最后通过 4 个任务的上机实践使读者熟练掌握了 Python 函数相关操作的基本方法。

6.5　习　　题

一、选择题

1. 下列选项中不属于函数优点的是（　　）。
    A．减少代码重复　　　　　　　　　B．使程序模块化
    C．使程序便于阅读　　　　　　　　D．便于发挥程序员的创造力
2. 以下关于函数参数的描述中正确的是（　　）。
    A．调用函数时，按参数名称传递的参数，要按照定义顺序进行传递
    B．定义函数可选参数的时候，不限制可选参数在参数列表中的位置
    C．函数在定义时可以不指定可选参数的默认值，调用函数的时候再传入参数
    D．在一个函数内部定义的变量，到另一个函数中不能引用
3. 以下关于函数的描述中正确的是（　　）。
    A．调用 Python 函数的时候，不能指定缺省参数的名称和值
    B．函数不需要返回值的时候，也能用 return 语句作为最后一条语句
    C．函数定义的时候，不能没有参数列表
    D．函数定义的时候并不执行，可以在调用它的语句之后定义
4. 以下关于函数的描述中正确的是（　　）。
    A．函数定义时必须有形式参数
    B．函数中定义的变量只在该函数体中起作用
    C．函数定义时必须带 return 语句
    D．实际参数与形式参数的个数可以不相同，类型可以任意

5．以下关于函数的描述中正确的是（　　）。

　　A．函数的实际参数和形式参数必须同名

　　B．函数的形式参数既可以是变量也可以是常量

　　C．函数的实际参数不可以是表达式

　　D．函数的实际参数可以是其他函数的调用

二、编程题

1．编写程序并自定义函数，统计字符串中字母、数字、空格以及其他字符的个数并返回结果。

2．编写程序并自定义函数，检查传入字典的每一个 value 长度，如果其长度大于 2，那么仅保留前两个长度的内容，并将新内容返回给调用者。

3．编写程序并自定义函数，完成如下功能：可重复从菜单中选择相应的功能，进行美元和人民币之间的汇率转换。

项目 7　面向对象程序设计

学习目标

- 理解面向对象编程思想。
- 掌握类和对象的关系。
- 掌握类的设计方法。
- 掌握通过类创建对象并添加属性。
- 掌握继承和多态。

育人目标

- 培养学生面向对象建模与软件开发的能力。
- 引导学生遵守软件行业规范。
- 培养学生养成良好的编码习惯。

7.1　项 目 引 导

面向对象程序设计（Object Oriented Programming，OOP）是一种计算机编程思想。其基本原则是计算机程序由单个能够起到子程序作用的单元或对象组合而成，能够实现软件工程的 3 个主要目标：重用性、灵活性和扩展性。面向对象程序设计方法是尽可能模拟人类的思维方式，把客观世界中的实体抽象为问题域中的对象，使软件的开发方法与过程尽可能接近人类对客观世界的认知。

面向对象程序设计以对象为核心，认为程序由一系列对象组成。类是对现实世界的抽象，包括表示静态属性的数据和对数据的操作，对象是类的实例化。对象间通过消息传递相互通信，来模拟现实世界中不同实体间的联系。在面向对象程序设计中，对象是组成程序的基本模块。

7.2　技 术 准 备

7.2.1　设计思想

面向对象技术是对计算机的结构化方法的深入、发展和补充，在保障进行良好的计算机软件需求设计的同时，也需要尽可能实现利用低成本来开发出高质量的应用软件的目标。消息是一个对象与另一个对象之间传递的信息，是实现两者进行通信的桥梁，消息链负责指定功能无条件的执行，而计算机软件的主程序则负责对消息进行筛选（哪些可以接收、可以执行，哪些则需要摒弃、不可代入）。软件开发主要由需求定义、制订计划、软件的功能设计、软件的功能实现、验证和确认组成，这 5 个方面是最基本的环节，缺一不可。

面向对象程序设计出现以前，结构化程序设计是程序设计的主流，结构化程序设计又称面向过程程序设计。在面向过程程序设计中，问题被看做一系列需要完成的任务，重在关注如何根据规定的条件完成指定的任务。

面向过程程序设计的核心是过程（流水线式思维），过程即解决问题的步骤，面向过程程序设计就好比精心设计好一条流水线，考虑周全什么时候处理什么事情。面向过程程序设计的优点是极大地降低了编写程序的复杂度，只需要按照要执行的步骤堆叠代码即可；但其缺点是一套流水线或者流程只用来解决一个问题，代码牵一发而动全身。面向过程程序设计一般应用在程序一旦完成就很少改变的场景中，如 Linux 内核、Git 以及 Apache HTTP Server 等。

面向对象程序设计的核心是对象，何为对象？世间存在的万物皆为对象，不存在的事物也可以将其创造出来成为对象。如在《西游记》中如来要解决的问题是把经书传给东土大唐，如来认为解决这个问题需要四个人——唐僧、沙和尚、猪八戒和孙悟空，他们每个人都有各自的特征和技能（这就是对象的概念，特征和技能分别对应对象的属性和方法）。如来安排了一群妖魔鬼怪，为了防止师徒四人在取经路上发生意外，又安排了一群神仙为他们保驾护航，其中所有的人物都是对象。接下来取经开始，师徒四人与妖魔鬼怪及各路神仙互相缠斗，直至最后取得真经，问题得到解决。那么师徒四人是按照什么流程去取经的呢？如来根本不会在意这些细节，只管把相关的对象创造出来让其自成系统即可。在此过程中，任务需求可能是变化的，根据任务需求，如来还可以继续添加其他的人物，或者修改某些人物的特征或技能，无论是添加还是修改都很容易实现。如来对某一个对象的单独修改，会立刻反映到整个体系中。面向对象程序设计能够很好地解决程序的扩展性，一般应用在需求变化较大的场景中，如软件的用户层、互联网应用、企业内部软件和游戏等。

7.2.2　设计优点

面向对象程序设计可以使程序的维护和扩展变得更加简单，大大提高程序的开发效率。面向对象程序设计还可以增加程序的可读性，使其他人更加容易理解程序的代码逻辑，从而使团队开发变得更加从容。相比于面向过程程序设计，面向对象程序设计具有以下设计优点。

1. 易维护

采用面向对象思想设计的程序可读性强，当需求改变时，因为使用继承机制，故只需在局部模块修改代码即可，程序的维护非常方便且成本较低。

2. 易扩展

面向对象程序设计通过继承可以大幅减少多余的代码，并扩展现有代码的用途。其可以在标准的模块上（这里所谓的"标准"是指程序员之间彼此达成的协议）构建程序，不必一切从头开始。这样可以减少软件开发时间，提高开发效率。

3. 模块化

面向对象程序设计的封装可以定义对象的属性和方法的访问级别，通过不同的访问修饰符对外暴露安全的接口，防止内部数据在不安全的情况下被修改。这样可以使程序具备更高的模块化程度，方便后期的维护和修改。

4．方便建模

虽然面向对象语言中的对象与现实生活中的对象并不是同一个概念，但很多时候，往往可以使用现实生活中对象的概念，将其抽象后稍作修改来进行建模，这大大方便了建模的过程。

7.2.3　设计缺点

面向对象程序设计也有缺点，首先是可控性差，无法像面向过程程序设计那样能够很精准地预测问题的处理流程与结果。面向对象程序设计一旦开始就由对象之间的交互解决问题，即无法预测最终结果。其次是运行效率低，大量类的加载会牺牲性能，降低运行速度。庞大的类库对程序员来说掌握其使用需要时间，对于产品普及、推广来说较难。庞大的类库可能会导致安全性无法保障，存在无法预知的问题缺陷。

尽管面向对象程序设计具有一定的缺点，但是随着计算机技术的发展以及计算机运算能力的提高，这些缺点已经能够被很好地克服，面向对象程序设计仍然是目前程序设计的最佳选择。

7.2.4　基本特性

1．抽象

抽象是指忽略一个主题中与当前目标无关的方面，以便更充分地注意与当前目标有关的方面。抽象并不打算了解全部问题，而只是选择其中的主要部分，暂时忽略其他次要部分。抽象包括两个方面：一是过程抽象，二是数据抽象。过程抽象是指任何一个明确定义功能的操作都可被使用者看作单个的实体，尽管这个操作实际上可能由一系列更低级的操作来完成。数据抽象定义了数据类型和施加于该类型对象上的操作，并限定了对象的值，只能通过使用这些操作进行修改和观察。

2．继承

继承是一种联结类的层次模型，并且允许和鼓励类的重用，它提供了一种明确表述共性的方法。对象的一个新类可以从现有的类中派生，这个过程称为类继承。新类继承了原始类的特性，新类称为原始类的派生类（子类），而原始类称为新类的基类（父类）。派生类可以从它的基类那里继承方法和实例变量，并且类可以修改或增加新的方法使之更适合特殊的需要。这也体现了大自然中一般与特殊的关系。继承性很好地解决了软件的可重用性问题。

3．封装

封装是指把过程和数据包围起来，对数据的访问只能通过已定义的接口。面向对象的计算始于这个基本概念，即现实世界可以被描绘成一系列完全自治、封装的对象，这些对象通过一个受保护的接口访问其他对象。一旦定义了一个对象的特性，就有必要决定这些特性的可见性，即哪些特性对外部世界是可见的，哪些特性用于表示内部状态。通常应禁止直接访问一个对象的实际表示，应通过操作接口访问对象，这称为信息隐藏。封装保证了模块具有较好的独立性，使程序维护修改较为容易。对应用程序的修改仅限于类的内部，因而可以将应用程序修改带来的影响降到最低限度。

4．多态

多态是指允许不同类的对象对同一消息作出响应。例如同样的复制、粘贴操作，在字处理程序和绘图程序中有不同的效果。多态性包括参数化多态性和包含多态性。多态性语言具有灵活、抽象、行为共享、代码共享的优势，很好地解决了应用程序函数同名问题。为了进一步理解面向对象和面向过程程序设计的不同，接下来考虑设计一个五子棋程序。面向过程程序设计的思路是，首先分析问题的步骤：

（1）开始游戏；

（2）黑子先走；

（3）绘制画面；

（4）判断输赢；

（5）轮到白子；

（6）绘制画面；

（7）判断输赢；

（8）返回步骤（2）；

（9）输出最后结果。

将上面每个步骤用程序来实现即可。

面向对象程序设计则将程序分为以下 3 类对象：

（1）黑白双方，两方的行为是一模一样的；

（2）棋盘系统，负责绘制画面；

（3）规则系统，负责判定诸如犯规、输赢等。

第一类对象（玩家对象）负责接收用户输入，并告知第二类对象（棋盘对象）棋子布局的变化，棋盘对象接收到了棋子布局的变化就要负责在屏幕上显示出这种变化，同时利用第三类对象（规则系统）来对棋局进行判定。可见，面向对象程序设计是以功能而不是以步骤来划分问题的。同样是绘制棋局，这样的行为在面向过程程序设计中分散在了多个步骤中，很可能出现不同的绘制版本，而面向对象程序设计中，绘图只可能在棋盘对象中出现，从而保证了绘图的统一。功能上的统一保证了面向对象程序设计的可扩展性。如要加入悔棋功能，对于面向过程程序设计，从输入到判断再到显示的若干步骤都要改动，甚至步骤之间的先后顺序都可能需要调整；对于面向对象程序设计，则只需改动第二类对象（棋盘对象）即可，棋盘对象保存了黑白双方的棋谱和落子先后顺序，简单回溯操作即可实现悔棋功能，并不涉及显示和规则部分，改动是局部可控的。

7.2.5 类与对象

OOP 的基本数据是对象，使用抽象机制将相似的对象抽象为类；其基本特征包括继承、多态和消息传递。简而言之，OOP=对象+类+继承+多态+消息，其核心概念是类和对象。

1. 类（Class）

类是现实世界或思维世界中的实体在计算机中的反映，它将数据以及这些数据上的操作封装在一起。类既是具有相同特征的一类事物（如人、狗、老虎），也是一个共享相同结构和行为的对象的集合。类定义了一件事物的抽象特点。通常来说，类定义了事物的属性和它的行为。举例来说，"狗"这个类会包含狗的一切基础特征，如它的孕育、毛皮颜色和吠叫的能力。类可以为程序提供模板和结构。一个类的属性和方法称为"成员"。

如果需要创建类，则使用 class 关键字。例如，使用名为 x 的属性，创建一个名为 MyClass 的类，代码如下：

```
class MyClass:
    x = 5
```

2. 对象（Object）

对象也称实例，是指具体的某一个事物，对象是对客观事物的抽象。一个对象有状态、行为和标识 3 种属性。Python 中一切皆为对象。现在我们可以使用名为 MyClass 的类来创建一个名为 p1 的对象，并打印 x 的值，代码如下：

```
p1 = MyClass()
print(p1.x)
```

3. 类与对象的关系

类是对象的抽象，而对象是类的具体实例。由类创建对象的过程称为实例化，也称类的实例化，如同用模板生成了一件产品。类是抽象的，不占用内存，而对象是具体的，会占用存储空间。类是用于创建对象的蓝图，它是一个定义包括在特定类型的对象中的方法和变量的软件模板。在 Python 中，用变量（一般称为属性）表示特征，用函数（一般称为方法）表示技能，具有相同特征和技能的一类事物就是"类"，对象则是这一类事物中具体的一个。

Python 中的一切皆为对象，类型的本质就是类，其实到目前为止已经使用了很长时间的类了。例如，有以下代码：

```
print(dict)
d1=dict(name='eva1')
d2={'name':'eva2','age':18}
print(d1.pop('name'))
print(d2.pop('name'))
print(d2.pop('age'))
```

代码运行结果：

```
<class 'dict'>
eva1
eva2
18
```

上述代码中，通过两种方式创建了两个字典对象，实际上字典就是一类数据结构。字典对象都由若干 k-v 键值对组成，并用一对花括号括起来，具有相同的增删改查的方法，即所有的字典对象具有相同的特征属性和方法。以上代码创建的第一个字典{'name':'eva'}可以使用字典的所有方法，并且其中拥有具体的值，它就是字典的一个对象。对象就是已经真实存在的某一个具体的个体。

7.2.6 类的定义和实例化

类的定义和实例化的案例

1. 定义类

在 Python 中，定义类的格式如下：

```
class 类名(object):
    类体
```

其中，class 是定义类的关键词，其后面紧跟着类名（如 Student），类名通常是首字母为大写的单词，紧接着是（object），表示该类是从哪个类继承下来的。通常如果没有明确的继承类，那么就使用 object 类，括号内一般为空，默认是继承 obejct 类。这是所有类最终都会继承的类，也就是基类。

2．属性初始化

由于类可以起到模板的作用，因此可以在创建实例对象的时候，把一些我们认为必须绑定的属性强制填写进去。定义一个特殊的__init__()方法（注意 init 的前后分别是两个短下划线），这是一个私有方法，只能在该类的内部使用，一般作为类中的第一个方法，起到初始化对象的作用。例如，在创建 Student 实例的时候，就把 name，city 等属性绑定上去，代码如下：

```python
class Student(object):
    def __init__(self,name,city):
        self.name=name
        self.city=city
        print("My name is %s and come from %s"%(name,city))
```

__init__()方法的第一个参数永远是 self，表示创建的实例本身。因此，在__init__()方法内部就可以把各种属性绑定到 self 上，因为 self 指向创建的实例本身。有了__init__()方法，在创建实例的时候，就不能传入空的参数了，必须传入与__init__()方法匹配的参数，但 self 不需要传入，因为 Python 解释器会把实例变量传进去。

3．定义方法

类的方法除了第一个参数是 self 外，其他和普通方法一样。如果要调用一个方法，则通过实例变量直接调用即可，代码如下：

```python
class Student(object):
    def __init__(self,name,city):
        self.name=name
        self.city=city
        print("My name is %s and come from %s"%(name,city))
    def talk(self):
        print("hello,ahjgxy!")
```

4．类的实例化

类的实例化格式如下：

```python
变量=类名()
```

通过定义好的类名以及参数生成实例对象并赋值给变量，这个变量就是对象名。有了类模板，就可以依据这个方法生成多个实例，如下面的代码：

```python
stu1=Student("Jack","Guangzhou")
stu1.talk()
stu2=Student("Jim","Beijing")
stu2.talk()
```

上述代码实例化了两个对象 stu1 和 stu2，并调用各自的 talk()方法。

【例 7.1】定义类和实例化类。

```python
class Student(object):
    def __init__(self,name,city):
        self.name=name
        self.city=city
        print("My name is %s and come from %s"%(name,city))
    def talk(self):
        print("hello,ahjgxy!")
stu1=Student("Jack","Guangzhou")
```

```
stu1.talk()
stu2=Student("Jim","Beijing")
stu2.talk()
```

代码运行结果：

```
My name is Jack and come from Guangzhou
hello,ahjgxy!
My name is Jim and come from Beijing
hello,ahjgxy!
```

7.2.7　类属性与实例属性

类属性与实例
属性的案例

类属性是在类中定义的属性，它是和这个类绑定的，该类中的所有对象都可以访问。访问时既可以通过类名来访问，也可以通过实例名来访问。实例属性是与类的实例相关联的数据值，是这个实例私有的，只有这个实例（也称对象）自己可以访问。当一个实例被释放后，它的属性同时也被清除了。

下面我们通过一个具体的例子来了解在访问类属性和实例属性时，Python 是怎么进行操作的。

【例 7.2】访问类属性与实例属性。

```
#类属性
class people:
    name="Tom"          #公有的类属性
    __age=18            #私有的类属性
p=people()
print(p.name)           #实例对象
print(people.name)      #类对象
#print(p.age)           #错误：不能在类外通过实例对象访问私有的类属性
#print(people.age)      #错误：不能在类外通过类对象访问私有的类属性

#实例属性
class people:
    name="tom"
p=people()
p.age=18
print(p.name)
print(p.age)            #实例属性是实例对象特有的，类对象不能拥有
print(people.name)
#print(people.age)      #错误：实例属性，不能通过类对象调用
#也可以将实例属性放在构造方法中
class people:
    name="tom"
    def __init__ (self,age):
        self.age=age
p=people(18)
print(p.name)
print(p.age)            #实例属性是实例对象特有的，类对象不能拥有
```

```
print(people.name)
#print(people.age)              #错误：实例属性，不能通过类对象调用
#类属性和实例属性混合
class people:
    name="tom"                 #类属性：实例对象和类对象可以同时调用
    def __init__(self,age):    #实例属性
        self.age=age
p=people(18)                   #实例对象
p.sex="男"                      #实例属性
print(p.name)
print(p.age)                   #实例属性是实例对象特有的，类对象不能拥有
print(p.sex)
print(people.name)             #类对象
#print(people.age)             #错误：实例属性，不能通过类对象调用
#print(people.sex)             #错误：实例属性，不能通过类对象调用
```

代码运行结果：
```
Tom
Tom
tom
18
tom
tom
18
tom
tom
18
男
tom
```

为了保证程序能够正常运行到结尾，可将可能出现错误的语句先注释掉。需要注意的是，如果在类外修改类属性，则必须通过类对象引用然后进行修改。如果通过实例对象引用，则会产生一个同名的实例属性，这种方式修改的是实例属性，不会影响到类属性，并且如果通过实例对象引用该名称的属性，则实例属性会强制屏蔽掉类属性，即引用的是实例属性，除非删除该实例属性。

【例 7.3】修改实例属性。

```
class Animal:
    name="Panda"
print(Animal.name)     #类对象引用类属性
p=Animal()
print(p.name)          #实例对象引用类属性时，会产生一个同名的实例属性
p.name="dog"           #修改的只是实例属性，不会影响到类属性
print(p.name)          #dog
print(Animal.name)     #Panda
del p.name             #删除实例属性
print(p.name)
```

代码运行结果：
```
Panda
Panda
dog
Panda
Panda
```
上述代码中，实例 p 的属性 name 值一开始默认为类属性值 Panda，后来修改为 dog，访问时输出 dog；通过 del 语句删除其 name 属性值之后，相当于把属于 p 私有的 dog 值删除了，若再次访问 p 对象的 name 值，则输出的是其类属性 name 值，即 Panda。

7.2.8　方法

方法包括类方法、实例方法和静态方法。实例方法就是类的实例能够使用的方法，实例方法是在定义类的时候定义的普通方法，在实例化对象的时候，每个对象拥有属于自己的实例方法，如例 7.1 中的 talk()方法。这里重点介绍类方法和静态方法。

1．类方法

类方法是类对象所拥有的方法，需要用修饰器@classmethod 来标识。对于类方法，第一个参数必须是类对象，一般以 cls 作为第一个参数（当然可以用其他名称的变量作为其第一个参数，但是习惯以 cls 作为第一个参数的名字），实例对象和类对象都可以访问类方法。其应用场景一般为当一个方法中只涉及类属性的时候可以使用类方法（类方法用来修改类属性）。

【例 7.4】定义和调用类方法。
```
class people:
    country="China"
    @classmethod
    def getCountry(cls):
        return cls.country
p=people()
print(p.getCountry())        #实例对象调用类方法
print(people.getCountry())   #类对象调用类方法
```
代码运行结果：
```
China
China
```
类方法还有一个用途就是可以对类属性进行修改，如例 7.5 所示。

【例 7.5】通过类方法修改类属性。
```
class people:
    country="China"
    @classmethod
    def getCountry(cls):
        return cls.country
    @classmethod
    def setCountry(cls,country):
        cls.country=country
p=people()
print(p.getCountry())        #实例对象调用类方法
print(people.getCountry())   #类对象调用类方法
```

```
p.setCountry("Japan")
print(p.getCountry())
print(people.getCountry())
```

代码运行结果：

```
China
China
Japan
Japan
```

两个类方法分别用于获取及修改类属性值，代码 p.setCountry("Japan") 表示使用对象 p 调用类方法修改类属性值，将 country 的值由 China 改为 Japan，之后再次通过对象 p 和类名 people 调用获取属性值的方法 getCountry()，返回的都是 Japan。

2. 静态方法

静态方法需要通过修饰器@staticmethod 进行修饰，静态方法不需要多定义参数，没有 cls 和 self 参数限制。静态方法主要是用来存放逻辑性代码，和类本身没有交互，但可以让这个功能成为这个类的成员。静态方法的特点是既可以通过类也可以通过实例调用，不管哪种方式调用静态方法都不会接收自动的 self 参数；静态方法会记录所有实例的信息，而不是为实例提供行为。在静态方法中，一般不会涉及类中的方法和属性的操作，可以理解为将静态方法寄存在该类的名称空间中。事实上，Python 在引入静态方法之前，通常是在全局名称空间中创建该静态方法。静态方法的应用场景一般为和类对象以及实例对象无关的代码，如记录由一个类创建的实例的数目或者维护当前内存中一个类的所有实例的列表。

【例 7.6】静态方法的定义和调用。

```
class people3:
    country="China"
    @staticmethod
    def getCountry():
        return people3.country
p=people3()
print(p.getCountry())        #实例对象调用类方法
print(people3.getCountry()) #类对象调用类方法
```

代码运行结果：

```
China
China
```

从类方法和实例方法以及静态方法的定义形式可以看出，类方法的第一个参数是类对象 cls，通过 cls 引用的必定是类对象的属性和方法；而实例方法的第一个参数是实例对象 self，通过 self 引用的可能是类属性，也有可能是实例属性（这个需要具体分析），不过在存在相同名称的类属性和实例属性的情况下，实例属性优先级更高；静态方法中不需要额外定义参数，在静态方法中引用类属性需通过类名引用。

7.2.9　成员的可见性

成员的可见性的案例

默认情况下，在 Python 的类中创建的属性和方法，在类的外面是可以通过实例直接操作的。有时为了保证类的封装性，并不希望这些内部的属性和方法在类的外部被直接访问，这就需要设置类成员的可见性。

1．设置方法

设置类成员为私有，其方法是在属性和方法名前面添加两个短下划线。

2．作用

设置成员为私有确保了外部代码不能随意修改对象内部的状态，可以在外部访问时做一些容错性判断，这样代码会更加健壮。

3．外部如何访问

如果类成员被设置为私有，而外部代码仍需要访问这些私有属性，则可以在当前类中添加公开的 get()和 set()方法。

【例 7.7】访问私有类成员。

```
class Student():
    def __init__(self,name,age=18):
        self.name=name
        self.age=age
self.__score=0              #内部访问私有属性
self.__restScore()         #内部访问私有方法
#私有方法：重置分数
    def __restScore(self):
        self.__score=50
#公开方法：获取分数
    def get__score(self):
        print(self.name +"的分数："+ str(self.__score))
#公开方法：设置分数，容错处理分数不能为负数
    def set__score(self,score):
        if score < 0:
            self.__score=0
            return
        self.__score=score
#测试成员的可见性
stu = Student("小冬")
#stu.resetScore()          #报错，不能直接访问私有方法
#print(stu.__score)        #报错，不能直接访问私有属性
stu.get__score()           #通过公开方法访问和设置分数
stu.set__score(-1)
stu.get__score()           #0
stu.set__score(66)
stu.get__score()           #66
```

代码运行结果：

```
小冬的分数：50
小冬的分数：0
小冬的分数：66
```

上述代码中，restScore()方法的前面添加两个短下划线，表明这是一个私有方法，在类的外面不能直接访问。类体内第一个方法为初始化对象的__init__()方法，在__init__()方法内部添加了类的私有属性__score，并设置其初始值为 0，私有属性也只能在类中访问。在__init__()方法内部还调用了类的私有方法__restScore()，完成分数的重置，即由 0 改为 50。公开方法

get__score()实现分数的获取，在类外部可以访问。公开方法 set__score()实现分数设置，在类外部也是可以访问的；set__score()方法体内实现了分数的容错处理，如果分数小于 0，那么很明显是错误的分数，直接通过语句 self.__score=0 将其分数设为 0，并且通过 return 语句返回，意思就是当分数小于 0 时按 0 分处理，并且结束分数的设置操作；set__score()方法体内如果一开始的 if score < 0 条件不成立，则表明分数是合法的，直接执行语句 self.__score=score，完成分数的重置功能。感兴趣的同学可以再思考下，不合法分数的判断除了分数不小于 0，还有没有其他要求。分数有没有上限约束，如何修改代码。通过实例对象 stu 调用相应的方法时，如果直接在类外部访问私有成员（包括属性和方法），则都会报错，但是访问公开方法则不会报错。

7.2.10　继承

继承的案例

继承是一种创建新类的方式，新创建的类可称为子类或派生类，父类可称为基类或超类。

Python 支持多继承，即新建的类可以继承一个或多个父类。继承主要用于解决对象与对象之间代码冗余的问题，子类可以自动拥有父类的成员。继承需要在类定义时完成，如果是单继承，则在类名后加一对圆括号，括号内写明父类名称；如果是多继承，则在圆括号内写明多个父类的名称，各父类名称之间用逗号隔开即可。

【例 7.8】定义简单单继承和多继承。

```
class Parent1:
    pass
class Parent2:
    pass
class Sub1(Parent1):            #单继承
    pass
print(Sub1.__bases__)          #查看自己的父类，输出：(<class '__main__.Parent1'>,)
class Sub2(Parent1,Parent2):    #多继承
    pass
print(Sub2.__bases__)      #查看自己的父类，输出：(<class '__main__.Parent1'>, <class '__main__.Parent2'>)
```

代码运行结果：

```
(<class '__main__.Parent1'>,)
(<class '__main__.Parent1'>, <class '__main__.Parent2'>)
```

上述代码主要展示单继承和多继承的格式，Python 中的 pass 语句是空语句，作用是保持程序结构的完整性。pass 语句不做任何事情，一般用作占位语句，今后可以用其他更为具体的代码替换。类 Sub1 只有一个父类 Parent1，类 Sub2 有两个父类 Parent1 和 Parent2，__bases__ 是类的一个属性，用于查看父类。语句 print(Sub1.__bases__)输出的结果为(<class '__main__.Parent1'>,)，表示这是一个类，并且是主程序（程序执行的入口）当中的 Parent1；语句 print(Sub2.__bases__)输出的结果为(<class '__main__.Parent1'>, <class '__main__.Parent2'>)，这也是一个类，对应的是主程序当中的 Parent1 和 Parent2。

多继承的优点是子类可以同时拥有多个父类的属性，最大限度地重用代码；其缺点是代码的可读性会变差，因此一般不建议使用多继承。

【例 7.9】使用单继承模拟学生选课系统中学生选课和老师打分功能。

```
#人类
class Human():
```

```
        def __init__(self, name, age, gender):
            self.name=name
            self.age=age
            self.gender=gender
#学生类
class Student(Human):
        def __init__(self, name, age, gender, score=None, course=None):
            Human.__init__(self, name, age, gender)
            self.score=score
            self.course=course
#定义一个选课的方法
        def choose_course(self, course):
            if self.course is None:
                self.course=[]
            self.course.append(course)
            print(f"Student choice class --->{self.course}")
#教师类
class Teacher(Human):
        def __init__(self, name, age, gender, level):
            Human.__init__(self, name, age, gender)
            self.level=level
#定义一个打分的方法
        def make_score(self, stu_obj, score):
            stu_obj.score=score
            print(f'Teacher{self.name} make {stu_obj.score} marks to {stu_obj.name}! ')
#学生类实例化
stu=Student('HammerZe', 18, 'male')
stu.choose_course('python')
#教师类实例化
teacher=Teacher('li', 18, 'male', 10)
teacher.make_score(stu, 90)
```

代码运行结果:

```
Student choice class --->['python']
Teacherli make 90 marks to HammerZe!
```

　　上述代码中, Human 类表示人类, 学生类 Student 和教师类 Teacher 均单继承自 Human 类。子类中通过父类名调用初始化方法（Human.__init__()）对子类中的部分属性进行初始化, 从而提高代码的重用性。

　　继承表达的是一种"是"的关系, 以上例子中, 基类是"人类","学生类"和"教师类"都继承了"人类", 因为学生和教师都是人。

7.2.11　多态

多态的案例

　　多态是指一类事物有多种形态, 例如动物类可以有猫、狗和猪等。一个抽象类有多个子类, 因而多态的概念依赖于继承。多态性是指具有不同功能的方法可以使用相同的方法名, 这样就可以用一个方法名调用不同内容的方法。在面向对象方法中一般是这样表述多态性：向不同的对象发送同一条消息，不同的对象在接收同一条消息时会产生不同的行为。也就是说，每个对象都可以用自己的方式去响应共同的消息。所谓消息，就是调用方法，不同的行为就是指不同的实现，即执行不同的方法。一般多态指的就是多态性，即对同一个消息做出不同的操作，具有对外提供统一接口，便于统一管理程序的功能。

【例 7.10】多态。

```python
class Animal():          #同一类事物：动物
    def talk(self):
        pass
class Cat(Animal):       #动物的形态之一：猫
    def talk(self):
        print('say miaomiao')
class Dog(Animal):       #动物的形态之二：狗
    def talk(self):
        print('say wangwang')
class Pig(Animal):       #动物的形态之三：猪
    def talk(self):
        print('say aoao')
c = Cat()
d = Dog()
p = Pig()
def func(obj):
    obj.talk()
func(c)
func(d)
func(p)
```

代码运行结果：
```
say miaomiao
say wangwang
say aoao
```

上述代码中调用了统一的方法 func()，因为传递的参数为不同的类对象，这些类对象又继承于同一个 Animal 类，相当于用同样的方法传递同样的 Animal 类对象，但是输出的结果不一样，这就表现出了多样的形态，即多态性。

综上，多态性是一个接口，多种实现。多态性的好处：提高了程序的灵活性，不论对象如何变化，使用者都用同一种形式去调用，如 func(obj)；增加了程序的可扩展性，通过继承 Animal 类创建了一个新的类，使用者无须更改自己的代码，还是用 func(obj)去调用。

7.3 项目分解

实例讲解类

任务 1：实例讲解类

通过实例讲解类，进一步理解类的含义及类的定义方式。生物和食物有不同的种类，人类社会的种种商品也有不同的种类。但凡可被称为一类的事物，它们都有着相似的特征和行为方式。用编程表示就是"类"。类是一系列有共同特征和行为事物的抽象概念的总和。类是面向对象程序设计的核心，能帮我们把复杂的事情变得有条理、有顺序。当我们使用类的时候，首先需要创建一个类，创建一个类需要使用关键字 class。

【任务代码 01】编写程序定义一个类。

```
class myclass():
    def __init__(self:
            print('我的类启动了！')
myclass()
```

代码运行结果：

我的类启动了！

上述任务代码中，创建了一个名为 myclass 的类，类名后面紧跟一对圆括号。对类变量完成初始化工作的__init__()方法的第一个参数为 self，这个参数的作用相当于 Java 中的 this，用于指向当前对象本身，也就是类 myclass 的实例。类中的方法只要不是类方法或者静态方法，都需要加上这个 self 参数，当然也可以用其他的名称代替 self，只不过这已经成为 Python 的编程约定，如果写成其他的名称，别人可能就看不懂你的代码了，不利于程序的阅读。__init__()方法类似于 Java 中的构造方法，用于构造对象。上述最后一行代码 myclass()用于创建一个 myclass 类的实例对象，自动执行__init__()方法，输出"我的类启动了！"。通过调用与类名同名的方法 myclass()来自动调用初始化方法，完成类实例的创建，这和 Java 中的构造方法名与类名相同是一样的原理，只不过 Python 不需要通过 new 关键字就可以直接创建对象，这里只是创建对象，而没有将其赋给任何变量，所以它是一个匿名对象。Python 类中默认有一个特殊的方法__new__()，其第一个参数是 cls，表示类本身，这个方法是由 object 基类提供的内置静态方法，其主要作用是在内存中为对象分配空间并返回对象的引用（即内存地址）。使用类名创建对象时，Python 解释器会调用__new__()方法来为对象分配空间。Python 解释器在获得对象的引用之后，将引用作为第一个参数，传递给__intit__()方法。

继承了 object 基类的__new__()方法之后也可以对其进行重写，重写__new__()方法的代码非常固定：重写__new__()方法一定要使用语句 return super().__new__(cls)，否则 python 解释器不能获得分配了空间的对象引用，也就不会调用对象的初始化方法。例如下面的代码：

```
class MusicPlayer:
    def __new__(cls, *args, **kwargs):
            print("创建对象，分配空间")
    def __init__(self):
            print("播放器初始化")
player=MusicPlayer()
print(player)
```

代码运行结果：

创建对象，分配空间
None

因为__new__()方法中没有写 return super().__new__(cls)语句，即没有先返回父类的__new__()方法返回值，说明没有先对父类继承的部分进行初始化，因此无法得到子类对象的引用，也就不会调用__init__()方法了，所以直接返回一个 None。在上述任务代码中添加 return super().__new__(cls)语句，代码如下：

```
class MusicPlayer(object):
    def __new__(cls, *args, **kwargs):
        print("创建对象，分配空间")
        return super().__new__(cls)
    def __init__(self):
        print("播放器初始化")
player=MusicPlayer()
print(player)
```

代码运行结果：

创建对象，分配空间
播放器初始化
<__main__.MusicPlayer object at 0x000002BE8B079748>

由运行结果可以看出，添加了 return super().__new__(cls)语句之后，程序能够正常调用__init__()方法，也返回了对象的引用。Python 所有类都有一个基类 object，在 object 中默认的__new__()方法已经封装了为对象分配空间的动作。子类如果要重写父类中的__new__()方法，则需要添加固定的语句：return super().__new__(cls)。本任务为类的定义和使用，重在理解__new__()和__init__()方法在实例化对象时的执行过程，__new__()和__init__()方法联合使用才是真正意义上的构造方法，这样才能完成对象的初始化工作。一般先自动调用__new__()方法，然后调用__init__()方法。在没有重写__new__()方法时调用默认的__new__()方法，如果重写了，则调用重写之后的__new__()方法。

任务 2：实例讲解创建实例化对象

通过实例讲解基于类怎么创建实例化对象，进一步理解类和对象的概念。
类是一种定制的数据类型，其只能用来表示数据的类型，并不能直接保存数据。如果要保存数据，则需要创建一个类似于此类容器的东西，称为对象或者例子。通过类产生对象的过程称为类的实例化，也称创建类的实例化对象。

【任务代码 02】编写程序定义一个学生类，并创建该类的实例化对象。

```
class Student:
    student_count=0
    def __init__(self,name,age):
        self.name=name
        self.age=age
        Student.student_count+=1
    def display_count(self):
        print('现在总共有{}名学生。'.format(Student.student_count))
    def display_student(self):
        print('姓名：{}，年龄：{}'.format(self.name,self.age))
s1=Student("张三",19)
s1.display_student()
s1.display_count()
s2=Student("李四",18)
s2.display_student()
```

```
s1.display_count()
s3=Student("王五",20)
s3.display_student()
s1.display_count()
```

代码运行结果：

姓名：张三，年龄：19
现在总共有 1 名学生。
姓名：李四，年龄：18
现在总共有 2 名学生。
姓名：王五，年龄：20
现在总共有 3 名学生。

　　上述任务代码中，定义了一个名为 Student 的类，用以描述学生的基本信息，包括最基本的姓名和年龄。类名后面的一对圆括号可以有也可以省略，当使用默认的基类 object 时是可以省略的；当有明确的父类且父类不为 object 时，必须有圆括号，并在括号内写明父类名称。student_coun 为类属性，初始值是 0，用以保存学生总人数。__init__()方法内的 name 和 age 为对象属性，也称实例属性，每创建一个对象，通过 Student.student_count+=1 语句实现总人数自动加 1。方法 display_count()和 display_student()均为实例方法，参数均为 self，分别用于显示当前的学生总人数以及当前这个学生的基本信息。display_count()方法中通过语句 Student.student_count 返回学生总人数，对类属性 student_count 的访问除了使用类名 Student，也可以使用对象名，如果将其改为 self.student_count，则输出结果不变。

　　同 Java 一样，Python 中创建一个类也使用关键字 class，一般类名称的第一个字母大写，后面的圆括号可有可无。Python 中创建实例化对象不需要使用关键字 new（也没有这个关键字），而是直接使用类似方法调用的方式，即类名加圆括号，如上面的代码 s1=Student("张三",19)。其实例化的过程是首先产生一个 Student 类对象，然后将这个对象及相应的参数传入__init__()方法完成对象的初始化工作，最后赋值给 s1，到此就完成了创建实例化对象过程，并且对象名为 s1。例如有下面代码：

```
class Stu:
    def __init__(self,name,age,sex):
        self.name=name
        self.age=age
        self.sex=sex
    def eat(self):
        print("我叫"+self.name+"，味道棒极了！")
stu1=Stu("张丽",20,"女")
stu1.eat()
stu2=Stu("李虎",20,"男")
stu2.eat()
```

代码运行结果：

我叫张丽，味道棒极了！
我叫李虎，味道棒极了！

　　上述代码类名为 Stu，通过在类名后的一对圆括号内给定相应的参数，完成两个实例对象的创建，并调用各自的 eat()实例方法，输出对应的结果。

任务 3：实例讲解类属性

实例讲解类属性

类属性相当于全局变量，可以通过类名（也称类对象）直接访问，也可通过该类的实例对象访问。类属性为所有属于该类的实例对象所共有，在内存中只有一个副本。类属性分为公有属性和私有属性，公有属性允许在类的外部被访问，而私有属性只能在类的内部访问。

【任务代码 03】编写程序定义一个狗类，并设计该类的公有及私有类属性。

```
class Dog(object):
    name='旺财'
    __age=2
d=Dog()
print(d.name)
print(Dog.name)
print(d.__age)
print(Dog.__age)
```

代码运行结果：

```
旺财
旺财
Traceback (most recent call last):
    File "f:\python 教材编写\项目 7 面向对象程序设计\Unit7-代码资源\书中例子代码\task07-03.py", line
7, in <module>
        print(d.__age)
AttributeError: 'Dog' object has no attribute '__age'
```

上述任务代码中创建了一个名为 Dog 的类，标明默认基类 object（为简化程序其实可以省略）。该类内部定义了两个类属性，分别为公有属性 name，初始值为"旺财"；私有属性__age初始值为 2，注意私有属性名要以两个短下划线开始。创建实例化对象 d，语句 print(d.name)表示通过实例对象打印类属性 name，输出结果为"旺财"；语句 print(Dog.name)表示通过类对象打印类属性 name，输出结果也为"旺财"。因为 name 为公有属性，因此在类外部访问没有问题，但是如果后面的两个语句 print(d.__age)和 print(Dog.__age)尝试通过实例对象和类对象打印类属性__age，则会报错，因为在类外不部允许直接访问私有属性。如果在类外部确实需要得到私有属性的值，则可以间接通过调用公开方法实现，例如修改以上代码如下：

```
class Dog(object):
    name='旺财'
    __age=2
    def getAge(self):
        return self.__age
    def setAge(self,age):
        self.__age=age
d=Dog()
print(d.name)
Dog.name='小贝'
print(Dog.name)
print(d.getAge())
```

```
d.setAge(5)
print(d.getAge())
d1=Dog()
print(d1.getAge())
```

代码运行结果：

```
旺财
小贝
2
5
2
```

在 Dog 类中添加公开的实例方法 getAge()和 setAge()，分别用于获取和修改私有类属性__age 的值。通过语句 d.setAge(5)将__age 的值由初始的 2 改为 5 之后，再次执行 print(d.getAge())，结果就是 5 了。需要注意的是，如果写成 print(Dog.getAge())则会报错，因为 getAge()方法并不是类方法，而是实例方法，不能通过类对象访问，只能通过实例对象访问。实例对象访问其实例方法的代码执行过程如下：d.setAge(5)，将 d 和 5 作为实际参数分别传递给方法 setAge(self,age)的 self 和 age 形式参数，然后进入方法体 self.__age=age，通过实例对象访问类属性__age，并且用 age 形式参数值覆盖__age 以前的值。需要注意的是，这里虽然修改了__age 的值，但也只是修改了对象 d 的那份__age 值，实质上类属性__age 的值并没有改变。再次创建实例对象 d1，print(d1.getAge()) 的输出结果仍然为 2。

综上所述，如果需要在类外部修改类属性，则必须通过类对象去引用然后进行修改。例如，语句 Dog.name='小贝'表示通过类对象 Dog 引用 name 类属性并且修改其值为"小贝"。如果通过实例对象去引用，则会产生一个同名的实例属性，这种方式修改的是实例属性，不会影响到类属性，并且之后如果通过实例对象去引用该名称的属性，那么实例属性会强制屏蔽掉类属性，即引用的是实例属性，除非将该实例属性删除。

任务 4：实例讲解实例属性

实例属性也称对象属性，为当前实例对象独自拥有。由于 Python 是动态语言，因此根据类创建的实例可以任意绑定属性。给实例绑定属性通过实例变量 self 变量实现。

实例讲解实例属性

【任务代码 04】编写程序定义一个学生类，这类学生的性别都为男，除了描述性别外还要描述其姓名和某一门课的考试分数。

```
class Student:
    def __init__(self,name):
        self.name=name
        self.sex='男'
    def info(self):
        print("我叫"+self.name+"，性别为"+self.sex+"，考试分数为",self.score)
s1=Student('张三')
s1.score=90
s2=Student('李四')
s2.score=85
s1.info()
s2.info()
```

代码运行结果：

我叫张三，性别为男，考试分数为 90
我叫李四，性别为男，考试分数为 85

上述任务代码中，__init__()方法中形式参数 name 表示姓名，作为实例对象的实例属性。实例对象 s1 和 s2 在创建的时候分别传递实际参数"张三"和"李四"给形式参数 name。对象的另一个实例属性 sex 放在__init__()方法内部，在对象初始化时使用 self 变量（self.sex='男'）完成赋初值"男"。实例对象创建结束之后，通过实例变量增加 score 实例属性，并赋值（如 s1.score=90）。当一个班级的学生大部分为男时也可以采用这种设计模式简化代码，当个别学生为女时，只需要在类外部通过对象名（即实例变量）修改其性别属性即可。

实例属性可以进行增删改查操作。例如以上代码，语句 s2.score=85 表示为实例对象 s2 增加属性 score；可以使用语句 del s2.score 删除属性 score；s2 的 sex 属性初始值为"男"，可以通过语句 s2.sex='女'将其改为"女"；查看属性值更为简单，如通过语句 print(s2.name)即可实现。

综上所述，实例属性属于各个实例所有，互不干扰；类属性属于类所有，所有实例共享一个属性。不要对实例属性和类属性使用相同的名称，因为相同名称的实例属性将屏蔽掉类属性，但是删除实例属性后再使用相同的名称，访问到的将是类属性，这种错误难以发现，因此实例属性和类属性不要用同样的名称。

任务 5：实例讲解定义实例方法

实例方法也称对象方法，是指在类中定义的普通方法，只有实例化对象之后才可以使用，该方法的第一个形式参数接收的一定是对象本身。

实例讲解定义
实例方法

【任务代码 05】编写程序定义一个圆形类，在类中定义计算圆的面积和周长的实例方法。

```python
from math import pi
class Circle:
    def __init__(self,radius):
        self.radius=radius
    def area(self):
        return pi*self.radius*self.radius
    def perimeter(self):
        return 2*pi*self.radius
circle1=Circle(5)
print("半径为{}的圆，其面积为{:.2f}，周长为：{:.2f}".format(circle1.radius,circle1.area(),circle1.perimeter()))
circle2=Circle(10)
print("半径为{}的圆，其面积为{:.2f}，周长为：{:.2f}".format(circle2.radius,circle2.area(),circle2.perimeter()))
```

代码运行结果：

半径为 5 的圆，其面积为 78.54，周长为：31.42
半径为 10 的圆，其面积为 314.16，周长为：62.83

上述任务代码中定义了一个名为 Circle 的圆类，area()实例方法用于计算面积，perimeter()实例方法用于计算周长，两个实例方法的形式参数均为 self，从 math 模块中导入 pi 的值参与面积和周长的计算。在类外部实例化了两个 Circle 类对象，半径分别为 5 和 10，对象名分别为 circle1 和 circle2。通过语句 print("半径为{}的圆，其面积为{:.2f}，周长为：{:.2f}".format (circle1.radius, circle1.area(),circle1.perimeter()))输出对象 circle1 的半径、面积和周长。获取 circle1 的半径、面积和周长的方法很简单，采用"对象名.成员名"的形式即可，成员包括属性和方法。字符串的 format()方法表示将字符串进行格式化，其中{:.2f}表示保留两位小数。

任务 6：实例讲解定义类方法

实例讲解定义类方法

类方法是将类本身作为对象进行操作的方法。例如在实际的商品售卖过程中，会在商品定价的基础上进行打折促销。而随着时间的变化，其折扣值也会发生变化。同一类商品（如水果店的水果）的折扣值一般都保持一致，那么这个折扣值可以被设计成类属性，而对折扣值修改的行为可以被设计为类方法。

【任务代码 06】编写程序定义一个商品类，并定义修改商品折扣的类方法。

```
class Goods:
    __discount=1
    def __init__(self,name,price):
        self.name=name
        self.price=price
    def getprice(self):
        return self.price*self.__discount
    @classmethod
    def change_discount(cls,new_discount):
        cls.__discount=new_discount
Goods.change_discount(0.8)
apple=Goods('苹果',12)
banana=Goods('香蕉',8)
print("{}的定价为：{:.2f}，打折之后的实际价格为：{:.2f}".format(apple.name,apple.price,apple.getprice()))
print("{}的定价为：{:.2f}，打折之后的实际价格为：{:.2f}".format(banana.name,banana.price,banana.getprice()))
```

代码运行结果：

```
苹果的定价为：12.00，打折之后的实际价格为：9.60
香蕉的定价为：8.00，打折之后的实际价格为：6.40
```

上述任务代码中定义了一个名为 Goods 的商品类，其私有类属性 __discount 表示商品的折扣，初始值为 1。实例方法 getprice()用于返回当前实例对象的实际价格，用@classmethod 修饰的方法称为类方法。类方法 change_discount()用于修改商品的折扣值，其第一个参数 cls 表示类对象本身。语句 cls.__discount=new_discount 表示通过类对象调用类属性，修改类属性 __discount 的值为传递过来的 new_discount 参数值。

任务 7：实例讲解定义静态方法

静态方法一般用于处理与类而不是与实例对象相关的数据，这种数据信息通常存储在类自身上，不需要任何实例也可以处理。

【任务代码 07】编写程序定义一个操作时间的类，时间包括小时、分钟和秒，再定义一个获取某年某月的日历方法。

```
import calendar
class Time_Test(object):
    def __init__(self,hour,minute,second):
```

```
            self.hour=hour
            self.minute=minute
            self.second=second
        def show_time(self):
            print("实例对象对应的时间是{}时{}分{}秒。".format(self.hour,self.minute,self.second))
        @staticmethod
        def show_calendar(year,month):
            cal=calendar.month(year,month)
            return cal
print(Time_Test.show_calendar(2022,7))
time=Time_Test(21,30,55)
time.show_time()
print(time.show_calendar(2022,8))
```

代码运行结果：

```
July 2022
Mo Tu We Th Fr Sa Su
             1  2  3
 4  5  6  7  8  9 10
11 12 13 14 15 16 17
18 19 20 21 22 23 24
25 26 27 28 29 30 31

实例对象对应的时间是 21 时 30 分 55 秒。
    August 2022
Mo Tu We Th Fr Sa Su
 1  2  3  4  5  6  7
 8  9 10 11 12 13 14
15 16 17 18 19 20 21
22 23 24 25 26 27 28
29 30 31
```

　　上述任务代码中定义了一个名为 Time_Test 的时间类，实例属性有小时、分钟和秒，实例方法 show_time()用于展示实例对象的时间信息。因为跟时间相关，因此还定义了静态方法 show_calendar()，用于获取某年某月的日历。类定义之前使用语句 import calendar 导入日历模块，在 show_calendar()方法中调用该模块下的配件 month 获取某年某月的日历，并存储在变量 cal 中，最后返回该变量 cal。静态方法 show_calendar()和该类没有直接的交互，只是寄存在了该类的命名空间中。语句 print(Time_Test.show_calendar(2022,7))表示使用"类名.静态方法名"调用静态方法并打印调用的结果（2022 年 7 月份的日历）。语句 print(time.show_calendar(2022,8))表示使用实例对象调用静态方法并打印调用的结果（2022 年 8 月份的日历）。静态方法是一个独立的、单纯的方法，它仅仅托管于某个类的名称空间中，便于使用和维护。可以用静态方法的地方都可以用类方法代替。建议不要经常使用静态方法，因为其和面向对象关联性很弱。

实例讲解成员的
可见性

任务 8：实例讲解成员的可见性

有时为了保证类的封装性，我们不希望有些内部属性被外部直接访问，这就需要设置成员的可见性。类成员的可见性有两类：公有和私有。如果在属性或方法名前面添加两个短下划线，则表明这个成员是私有的；否则即为公有。成员设置成私有之后外部代码不能随意修改对象内部的状态，从而提高了代码的安全性。例如，对学生的打分操作，在类外部不允许分数值小于 0，因为小于 0 的分数不符合逻辑。那么在哪里判断分数是否小于 0 呢？这种判断的代码可以封装在实例的公开方法里。既然分数的修改在方法内部，那么对分数的访问就没必要再放在类的外部，因此分数这个实例属性可以设置成私有成员，而打分这个方法可以设置成公有成员。通过对变量私有化，以及在类的内部定义一个公开方法修改变量，就可以对输入的分数做出正确的判断。

【任务代码 08】编写程序定义一个学生类完成对学生打分的功能，包括私有实例属性"分数"以及公开实例方法"修改分数"。

```python
class Student():
    sum=0
    def __init__(self,name,age):
        self.name=name
        self.age=age
        self.__score=0
        Student.sum+=1
    def setScore(self,score):
        if score<0:
            score=0
        self.__score=score
        print(self.name+'同学本次考试分数为：'+str(self.__score))
    @classmethod
    def getSum(cls):
        print('此时一共有'+str(cls.sum)+'个学生。')
s1=Student('王鹏',18)
s1.setScore(95)
Student.getSum()
s2=Student('张丽',17)
s2.setScore(86)
Student.getSum()
```

代码运行结果：

```
王鹏同学本次考试分数为：95
此时一共有 1 个学生。
张丽同学本次考试分数为：86
此时一共有 2 个学生。
```

上述任务代码中定义了一个名为 Student 的学生类，用以记录学生的基本信息，如姓名和年龄。类成员 sum 用以记录类实例对象的个数，初始值为 0。在初始化对象的__init__()方法内部增加了一个私有实例属性__score 表示学生分数且赋初值 0；语句 Student.sum+=1 表示每增加一个实例对象，类成员 sum 的值自动加 1。公开方法 setScore()用于设置学生的考试分数，该方法允许在类外部访问，方法内部通过传递过来的实际参数 score 的值修改私有成员 __score 的值，从而实现分数的修改。在修改分数之前首先判断实际参数 score 是否小于 0，如果小于 0 则修改 score 的值为 0，从而保证分数的有效性。私有成员 __score 只能通过实例对象自身提供的公开方法 setScore()进行访问，不暴露在类外，这样保证了类的封装性以及隐私信息（分数）及代码（修改分数）的安全性。本任务中为了实例的完整性还增加了类成员 sum 以及类方法 getSum()，用以统计和展示学生的总人数。

任务 9：实例讲解继承

使用继承子类可自动拥有父类的所有方法和属性，相同的代码不需要重复编写，从而实现代码的重用。子类可以根据实际需要对继承过来的方法进行重写，重写之后只会调用子类中重写的方法，而不会调用父类封装的方法。子类对象不能在自己的方法内部直接访问父类的私有属性或私有方法，但子类对象可以通过父类的公开方法间接访问其私有属性或私有方法。例如，所有的人类都应该具有姓名和年龄，而工人类和医生类不仅具有人类的基本属性，还具有自己特有的属性，要设计这些类，可以使用继承机制。

【任务代码 09】 编写程序使用继承机制定义人类、工人类和医生类。

```python
class Person:
    def __init__(self,name,age):
        self.name=name
        self.__age=age
        print('父类的构造方法被调用')
    def getAge(self):
        return self.__age
    def setAge(self,age):
        self.__age=age
    def show(self):
        print("我叫"+self.name+"，是一个具体的人类实例对象")
class Worker(Person):
    def __init__(self,name,age,sex):
        super().__init__(name,age)
        self.sex=sex
        print("我增加了性别："+str(self.sex))
class Doctor(Person):
    def __init__(self,name,age,like):
        super().__init__(name,age)
        self.like=like
    def show(self):
        print("我叫"+self.name+"，是一个具体的医生类实例对象")
p1=Person('张三',23)
p1.show()
print("年龄："+str(p1.getAge()))
w1=Worker('李四',21,'男')
w1.show()
print("年龄："+str(w1.getAge()))
```

```
d1=Doctor("李丽", 26, '跑步')
d1.show()
print("爱好：　"+d1.name)
```

代码运行结果：

```
父类的构造方法被调用
我叫张三，是一个具体的人类实例对象
年龄：23
父类的构造方法被调用
我增加了性别：男
我叫李四，是一个具体的人类实例对象
年龄：21
父类的构造方法被调用
我叫李丽，是一个具体的医生类实例对象
爱好：跑步
```

上述任务代码中定义了一个名为 Person 的人类，然后定义了工人类（Worker）和医生类（Doctor）均继承自人类（Person）。父类 Person 中定义了两个实例属性 name 和__age，还定义了 3 个实例方法，其中 getAge()和 setAge()方法分别用于获取和设置私有属性__age 的值，方法 show()用于展示实例对象的姓名并强调这是一个父类的实例对象。子类 Worker 额外添加了性别（sex）属性，在子类的构造方法__init__()中首先通过语句 super().__init__(name,age) 调用父类的构造方法，完成对从父类继承过来的实例属性的初始化工作。其中 super()表示父类，该语句还可以写成 Person.__init__(name,age)。子类 Doctor 额外添加了爱好（like）属性，并重写从父类继承过来的 show()方法。人类（Person）实例对象 p1 通过 getAge()方法输出年龄值，工人类（Worker）实例对象 w1 调用 show()方法返回的结果和父类的 show()方法返回的结果一样，因为并没有重写父类的 show()方法。医生类（Doctor）的实例对象 d1 调用 show()方法返回的结果和父类的 show()方法返回的结果不一样，因为子类重写了父类的方法后，只会调用子类中重写的方法。

综上所述，继承可以简化代码、减少冗余，可以提高代码的维护性和安全性，继承也是多态的前提。但继承也有缺点，因为耦合被用来描述类与类之间的关系。从软件工程的设计思想出发，希望代码具有高内聚、低耦合性，而继承关系中耦合性相对较高（如果修改父类，则所有子类的需求都会改变）。因此，过度的继承并不是很好的设计模式，实际开发中应根据需要适当使用继承。

任务 10：实例讲解多态

顾名思义，多态就是多种表现形态的意思。多态是一种机制、一种能力，而非某个关键字。它可以在类的继承中得以实现，也可以在类的方法调用中得以体现。多态意味着变量并不知道引用的对象是什么，根据引用对象的不同来表现不同的行为方式。最简单的多态是运算符多态，如有下面的代码：

```
a=105
b=98.5
print(a+b)
a="hello"
```

```
b=" Python"
print(a+b)
```

代码运行结果：

```
203.5
hello Python
```

同样的语句 print(a+b)，输出的结果不一样。

加法运算符（+）根据参与运算的左、右两个变量的类型，决定做和操作。当参与运算的数据为数值型时，就进行数学上数据的加法运算；当参与运算的数据为字符串类型时，返回的是两个字符串拼接的结果。也就是说，根据变量类型的不同，运算符多态表现不同的形态。除了运算符多态，还有方法的多态。

【任务代码 10】 编写程序实现方法的多态。

```
from random import choice
class Teacher:
    def say(self):
        print("我是老师，同学们，大家好！")
class Student:
    def say(self):
        print("我是学生，老师好！")
class Fruit:
    def say(self):
        print("我是水果！")
obj1=Teacher()
obj2=Student()
obj3=Fruit()
obj=choice([obj1,obj2,obj3])
print("当前对象类型为："+str(type(obj)))
obj.say()
```

代码运行结果见表 7.1。

表 7.1　代码运行结果

	第 1 次运行	第 2 次运行	第 3 次运行	第 4 次运行
运行结果	当前对象类型为：<class '__main__.Teacher'> 我是老师，同学们，大家好！	当前对象类型为：<class '__main__.Student'> 我是学生，老师好！	当前对象类型为：<class '__main__.Student'> 我是学生，老师好！	当前对象类型为：<class '__main__.Fruit'> 我是水果！

代码每次运行结果是随机的，语句 obj=choice([obj1,obj2,obj3])表示通过 choice()方法随机选择列表中的某一项。choice()方法无法直接访问，需要先使用语句 from random import choice 从 random 模块中导入 choice。上述语句创建了 3 个类：Teacher、Student 和 Fruit，实例对象 obj1、obj2、obj3 分别属于这 3 个类，都具有 say()方法，但是 say()方法的实现语句不一样。创建的临时对象 obj 是由随机方法取出来的，事先并不知道它的具体类型，只有运行之后随机获取才能确定，但是我们可以对它进行相同的操作，如执行 obj.say()，即让它调用 say()方法，然后根据其类型的不同，所表现的行为也就不同，这就是多态。type()方法的功能是判断一个

对象的类型，在执行 obj.say() 之前先输出当前随机获取的实例对象的类型。根据 4 次运行结果可以看出，统一的 obj.say() 语句出现了不同的输出结果，这就是多态机制的体现。

　　上述任务代码实际上所呈现的是多态性，多态性是指具有不同功能的方法可以使用相同的方法名，这样就可以用一个方法名来调用不同内容的方法。而多态是指一类事物有多种形态（一个抽象类有多个子类，因为多态的概念依赖于继承）。但实际上很多时候并不严格区分这两种概念，统一认为都是多态。多态的优点：增加了程序的灵活性和可扩展性，不论对象千变万化，使用者都可以用同一种形式去调用（如 obj.say() 或 func(obj)）。而多态也有缺点，即在继承之后，不能使用子类的特有功能，如果想使用子类的特有功能，则需要把父类的引用强制转换为子类的引用。

任务 11：实例讲解面向对象编程的综合应用

　　通过综合实例讲解掌握面向对象编程的三大特性：封装、继承和多态。例如，模拟现实世界中的动物类，其需要封装的基本信息有名字和年龄，除此之外，动物一般有吃饭、玩和睡觉等行为。通过继承动物类可以设计出狗类和猫类，它们除了具备动物的基本特征和行为，还具有特定的本领，如狗擅长看家，猫擅长捉老鼠。人也是特殊的动物，通过继承动物类设计出人类。人类也有特殊的本领，如养宠物等。因为宠物可能是狗也可能是猫，人类要想让宠物发挥自己的本领，那么养的宠物的类型就需根据实际值而确定，这体现的就是多态。

【任务代码 11】编写程序实现面向对象编程的三大特性。

```
class Animal:
    def __init__(self,name,age=1):
        self.name=name
        self.age=age
    def eat(self):
        print("%s 吃饭"%self)
        return self
    def play(self):
        print("%s 玩"%self)
        return self
    def sleep(self):
        print("%s 睡觉"%self)
        return self

class Dog(Animal):
    def work(self):
        print("%s 看家"%self)
    def __str__(self):
        return "名字是{}，年龄{}岁的小狗在".format(self.name,self.age)

class Cat(Animal):
    def work(self):
        print("%s 捉老鼠"%self)
```

```
        def __str__(self):
            return "名字是{}，年龄{}岁的小猫在".format(self.name,self.age)


    class Person(Animal):
        def __init__(self,name,pets,age=1):
            super(Person,self).__init__(name,age)
            self.pets=pets
        def feed_pets(self):
            for pet in self.pets:
                pet.eat()
                pet.sleep()
                pet.play()
        def make_pets_work(self):
            for pet in self.pets:
                pet.work()
        def __str__(self):
            return "名字是{}，年龄{}岁的人在".format(self.name, self.age)


    d=Dog("黑仔",5)
    c=Cat("雪球",2)
    p=Person("于光", [d, c], 24 )
    p.feed_pets()
    p.make_pets_work()
```

代码运行结果：

```
名字是黑仔，年龄 5 岁的小狗在吃饭
名字是黑仔，年龄 5 岁的小狗在睡觉
名字是黑仔，年龄 5 岁的小狗在玩
名字是雪球，年龄 2 岁的小猫在吃饭
名字是雪球，年龄 2 岁的小猫在睡觉
名字是雪球，年龄 2 岁的小猫在玩
名字是黑仔，年龄 5 岁的小狗在看家
名字是雪球，年龄 2 岁的小猫在捉老鼠
```

　　上述任务代码按照任务要求，创建了名为 Animal 的动物类，动物类具有两个实例属性 name 和 age，分别用于表示动物的名称和年龄。动物具有基本的行为，即吃饭、玩和睡觉，分别用 3 个实例方法 eat()、play()和 sleep()实现，方法体均返回动物对象本身，但在返回之前先打印其行为，如语句 print("%s 吃饭"%self)表示输出 self 对象本身的基本信息（所属类名、内存地址等）和"吃饭"，实际输出可能是"<__main__.Animal object at 0x00000223D0C0C3C8>吃饭"。3 个子类的实例方法__str__()的功能是返回一个对象的描述信息。在 Python 中方法名如果是__xxxx__()形式，那么就有特殊的功能，因此称其为"魔法"方法。当使用 print 语句输出对象的时候，只要定义了__str__(self)方法，就会打印这个方法中 return 的数据，__str__()方法需要返回一个字符串，作为这个对象的描写。例如，子类 Dog 中__str__()方法返回的是""名字是{}，年龄{}岁的小狗在".format(self.name,self.age)"的字符串，那么 Dog 类的实例对象 d 在调用 eat()方法后输出的形式就不是"<__main__.Animal object at 0x00000223D0C0C3C8>吃饭"了，而是"名字是黑仔，年龄 5 岁的小狗在吃饭"。该类用其 __str__()方法返回的字符串"名字是黑仔，年龄 5 岁的小狗在"替换了之前的"<__main__.Animal object at 0x00000223D0C0C3C8>"。子类 Person 添加了 pets 实例属性，表示一个人的宠物列表；添加了实例方法 feed_pets()实现宠物的喂养（实际是激活宠物的吃饭、玩和睡的功能）；添加了实例方法 make_pets_work()激发宠物的特殊本领（可能是看家也可能是捉老鼠）。在类的外部定义了 3 个实例对象 d、c 和 p，分别对应于 Dog、Cat 和 Person 类，最后调用 Person 对象的两个方法激活宠物的行为，因为宠物来自于列表[d, c]，因此相同的方法会表现出不同的结果，这就是多态。

7.4　项目总结

本项目首先介绍了面向对象程序设计的思想、优缺点和基本特性，与面向过程程序设计方法进行比较，总结出面向对象程序设计方法仍然是当前编程的最佳选择；其次介绍了类与对象、类的定义和实例化、类属性与实例属性、方法、成员的可见性，然后介绍了继承和多态；最后通过 11 个任务的上机实践使读者熟练掌握了 Python 面向对象程序设计的方法。

7.5　习　　题

一、选择题

1. 关于面向过程和面向对象，下列说法错误的是（　　　）。
   A．面向过程和面向对象都是解决问题的一种思路
   B．面向过程是基于面向对象的
   C．面向过程强调的是解决问题的步骤
   D．面向对象强调的是解决问题的对象

2. 关于类和对象的关系，下列描述正确的是（　　　）。
   A．类是面向对象的核心
   B．类是现实中事物的个体
   C．对象是根据类创建的，并且一个类只能对应一个对象
   D．对象描述的是现实的个体，它是类的实例

3. 构造方法的作用是（　　　）。
   A．一般成员方法　　　　　　　　B．类的初始化
   C．对象的初始化　　　　　　　　D．对象的建立

4. 构造方法是类的一个特殊方法，Python 中它的名称为（　　　）。
   A．与类同名　　　　　　　　　　B．__construct
   C．init　　　　　　　　　　　　D．__init__

5. Python 类中包含一个特殊的变量（　　　），它表示当前对象自身可以访问类的成员。
   A．self　　　　　　　B．me　　　　　　　C．this　　　　　　D．与类同名

6. 下列创建类的方法正确的是（　　　）。
   A．Class Dog():　　B．Class dog():　　C．class Dog　　D．class Dog:

7. 以传参的方式定义实例方法时，参数之间用（　　）进行分隔。

A. 分号　　　　　　　　B. 冒号　　　　　　C. 逗号　　　　　　D. 空号

二、填空题

1. 查看对象类型的 Python 内置方法是_____。

2. _____命令既可以删除列表中的一个元素，也可以删除整个列表，还可以删除对象的一个属性。

3. 方法中的 self 代表_____。

4. 要想将一个属性私有化，是在属性名称前面加上两个_____。

5. 所谓多继承指的是一个子类可以有多个_____。

6. 面向对象的三大特性是封装、继承和_____。

三、判断题

1. 在 Python 中定义类时，如果某个成员名称前有两个短下划线，则表示这是私有成员。
（　　）

2. 在类定义的外部没有任何办法可以访问对象的私有成员。（　　）

3. Python 中一切内容都可以称为对象。（　　）

4. 定义类时所有实例方法的第一个参数用来表示对象本身，在类外部通过对象名来调用实例方法时不需要为该参数传值。（　　）

5. 子类重写__init__()方法，在实例化对象的时候，如果想要调用父类的__init__()方法，则可以使用 super(). __init__()。（　　）

6. 面向对象程序设计通常简写为 OOP。（　　）

7. 定义类使用关键字 class。（　　）

8. 类属性和实例属性没有区别。（　　）

9. 静态方法需要通过修饰器@staticmethod 进行修饰。（　　）

10. 类方法需要通过修饰器@classmethod 进行修饰。（　　）

11. 继承时使用关键字 extends。（　　）

12. Python 不支持多继承。（　　）

13. 多态具有对外提供统一接口，便于统一管理程序的功能。（　　）

14. Python 中所有类的父类均为 object。（　　）

15. 类属性被所有属于该类的实例对象所共有。（　　）

四、编程题

1. 定义一个名为 Person 的类，提供可以重新设置私有属性 name 的方法，限制条件为字符串长度小于 10 才可以修改。

2. 编写程序完成学生类（Student）的设计和测试，实例属性包括学生的姓名（name）和分数（score），实例方法 print_socre()能够输出学生的基本信息，程序运行结果如下所示：

姓名：张三，分数：98

姓名：李四，分数：85

3．编写程序完成家具的摆放，需求如下。

（1）房子有户型、总面积和家具名称列表，但是新房子没有任何的家具。

（2）家具有名字和占地面积，其中床占 6 平方米，衣柜占 8 平方米，餐桌占 4 平方米。将以上 3 件家具添加到房子中。

（3）打印房子时，要求输出：户型、总面积、剩余面积、家具名称列表。

4．创建一个 Person 类，添加一个类字段（numbers）用来统计 Perosn 类的对象的个数，并添加一个类方法 getNumbers()用于返回 numbers 的值。

项目 8 文 件 处 理

- 了解文件的分类、编码方式以及文件路径的概念。
- 理解文件的各种打开模式。
- 掌握文件的基本操作。
- 了解 os 模块和 os.path 模块的作用,掌握 os 模块和 os.path 模块中常用函数的使用方法。
- 掌握目录的基本操作。

- 形成良好的编码风格,代码书写规范。
- 培养学生耐心细致、严谨踏实、精益求精的工作作风,养成良好的职业素养。
- 培养学生安全编程的意识,养成严格、完备的代码测试习惯。

8.1 项 目 引 导

在前面的编程中,程序运行时通过键盘把数据对象保存到变量、序列、类实例中,程序中的变量、序列、类实例中存储的数据是暂时的,程序输出的数据显示在屏幕上,数据对象和变量中存储的数据是暂时的,程序运行结束后就会丢失。如果希望程序运行结束后仍然能够长时间地保存程序中的数据,就需要将数据保存到文件中。其能够处理的文件结构包括文本文件、二进制文件和其他类型的文件(如 Excel 文件、Word 文件等)。Python 提供了对文件夹、文件进行操作的内置模块,可以管理文件和文件夹。

本任务主要完成文件的读写操作,使用 with 语句进行文件操作,使用文件完成相应功能,使读者能够熟练使用 os 模块和 os.path 模块中常用函数,熟练使用文件和目录完成相应功能。

8.2 技 术 准 备

8.2.1 文件基础知识

1. 文件与文件类型

文件基础知识

所谓文件是指一组相关数据的有序集合,该数据集有一个名称,称为文件名。实际上,在前面的各项目中已经多次使用了文件,如源程序文件、目标文件、可执行文件、库文件(头文件)等,文件通常驻留在外部介质(如磁盘等)上,只有在使用时才调入内存。从文件编码的方式来看，文件可分为 ASCII 文件和二进制文件两种。

ASCII 文件也称文本文件，这种文件在磁盘中存放时每个字符对应一个字节，用于存放对应的 ASCII 码。例如字符串"1234"的存储形式在磁盘上是 31H、32H、33H、34H 4 个字符，即'1'、'2'、'3'、'4'的 ASCII 码，在 Windows 的记事本程序中输入"1234"后存盘为一个文件，就可以看到该文件在磁盘中占 4 个字符，打开此文件后可以看到"1234"的字符串。ASCII 文件可在屏幕上按字符显示，因为各个字符对应其 ASCII 码，每个 ASCII 进制数都被解释为一个可见字符。ASCII 文件有很多，如源程序文件就是 ASCII 文件，用 DOS 命令 TYPE 可显示文件的内容。由于是按字符显示的，因此能读懂 ASCII 文件内容。

文件在进行读写操作之前要先打开，使用完毕要关闭。所谓打开文件，实际上是建立文件的各种有关信息，并使文件指针指向该文件，以便进行其他操作。关闭文件则是断开文件指针与文件之间的联系，也就是禁止再对该文件进行操作，同时释放文件占用的资源。

2．Windows 操作系统中的路径

程序开发时，路径是指用于定位一个文件夹或文件的字符串，是文件的保存位置，通常包括两种路径：相对路径和绝对路径。目录是用来组织和管理一组相关文件的。在 Python 中，对文件夹和文件进行操作主要使用 os 模块和 os.path 模块中提供的方法。

（1）当前工作文件夹。当前工作文件夹是指当前运行文件或打开文件所在的文件夹。在 Python 中，通过 os 模块提供的 getcwd()方法获取当前工作文件夹。

在 C:\PycharmProjects\Chapter08\file8-01.py 文件中，编写以下代码：

```
import os
print(os.getcwd) #输出当前工作文件夹
```

显示的文件夹为当前工作文件夹，运行结果如下：

```
C:\PycharmProjects\Chapter08
```

（2）相对路径。所谓相对路径是指相对当前工作文件夹的路径。每个运行的程序都会有一个当前工作目录的路径，又称 cwd。一般来说，cwd 默认为应用程序的安装路径。如果访问的文件位于当前工作文件夹下，则使用该文件名称即可；如果访问的文件位于当前工作文件下级的子文件夹中，则相对路径的起始文件夹为当前工作文件夹的第 1 级子文件夹。

例如，在当前工作文件夹 C:\PycharmProjects\Chapter08 中，有一个名称为 message. txt 的文本文件，在打开这个文本文件时，直接写文件名称 message.txt 即可。该文本文件的实际路径就是当前工作文件夹"C:\PycharmProjects\Chapter08"+相对路径"message.txt"，即完整路径为 C:\PycharmProjects\Chapter08\message.txt。

如果文本文件 message.txt 位于当前工作文件夹的第 1 级子文件夹 demo 中，那么相对路经为 demo\message.txt。

在 Python 中，打开文本文件 message.txt 可以有以下 3 种方式。

1）demo\\message.txt 的形式。在 Python 中，指定路径时需要对路径分隔符（\）进行转义，即将路径中的"\"替换为"\\"。例如，相对路径 demo\message.txt 需要使用 demo\\message.txt 代替。例如：

```
file=open(" demo\\message.txt")
file.close()
```

2）demo/message.txt 的形式。在 Python 中，指定路径时允许将路径分隔符（\）用"/"代替。例如：

```
file=open(" demo/message.txt")
file.close()
```

3）r"demo\file.txt"的形式。在 Python 中，指定路径时如果在路径字符串前面加上字母 r（或 R），那么该路径字符串将会原样输出，这时路径中的路径分隔符（\）就不需要再转义了。例如：

```
file=open(r"demo/message.txt")
file.close()
```

（3）绝对路径。绝对路径是指在使用文件时指定文件的完整路径，它不依赖于当前工作文件夹。在 Python 中，可以通过 os.path 模块提供的 abspath()方法获取文件的绝对路径。

abspath()方法的语法格式如下：

```
os.path.abspath(strPath)
```

其中，strPath 表示要获取绝对路径的相对路径，可以是文件路径，也可以是文件夹路径。

例如，要获取相对路径 demo\message.txt 的绝对路径，可以使用下面的代码实现。

```
import os
print(os.path.abspath(r"demo\message.txt")) #获取绝对路径
```

运行结果如下：

```
C:\PycharmProjects\Chapter08
```

（4）拼接路径。如果想要将两个或者多个路径拼接到一起组成一个新的路径，则可以使用 os.path 模块提供的 join()方法实现，这样可以正确处理不同操作系统的路径分隔符。join()方法的语法格式如下：

```
os.path.join(path1[, path2[,…]])
```

其中，path1、path2 表示待拼接的文件路径，这些路径之间使用逗号进行分隔。

例如，将路径 C:\PycharmProjects\Test08 和路径 demo\message.txt 拼接到一起，可以使用下面的代码实现。

```
import os
print(os.path. join("C:\PycharmProjects\Test08","demo\message.txt")
```

运行结果如下：

```
C:\PycharmProjects\Test08\demo\message.txt
```

8.2.2 文件基本操作

在 Python 中访问文件，使用内置文件对象时，首先需要使用内置函数 open()打开文件，创建一个文件对象，然后利用该文件对象的方法执行读写操作。

一旦成功创建文件对象，该文件对象便会记住文件的当前位置，以便执行读写操作。这个位置称为文件的指针。凡是以 r、r+、rb+的读文件方式，或以 w、w+、wb+的写文件方式打开的文件，初始时文件指针均指向文件的头部。

注意：本节中所讲的文件操作的文件专指数据文件。

1. 使用 open()函数打开文件

Python 的 open()函数用于打开一个文件，并返回文件对象，在对文件进行处理的过程中都需要使用这个方法。如果该文件无法被打开，则会抛出 OSError 异常。

注意：使用 open()函数时一定要保证文件对象处于关闭状态，即调用 close()方法将文件关闭。

　　open()函数将会返回一个文件对象。一般文件对象赋值给一个变量（如 fileObject），该变量称为文件对象变量。open()函数的常用形式是接收两个参数：文件名（file_name）和模式（access_mode）。

　　调用该函数的语法格式如下：

fileObject= open(file_name[,access_mode [,buffering [,encoding]]])

　　参数说明：

　　1）fileObject：表示被创建的文件对象。

　　2）file_name：用于指定包含待打开或待创建文件的文件路径（相对路径或绝对路径）与文件名称字符串值，需要使用单引号或双引号标注。如果待打开的文件和使用 open()函数的程序文件位于同一个文件夹中，即两个文件存储位置相同，则可以直接写文件名，不需要指定文件路径；否则需要指定完整路径。

　　3）access_mode：可选参数，用于指定打开文件的模式，即描述文件如何使用，如只读、写入、追加等。r 表示打开的文件只用于读；w 表示文件只用于写（如果存在同名文件，则将被删除）；a 表示在文件末尾追加文件内容，所写的任何数据都会被自动增加到文件末尾；+表示对打开文件进行更新（用于读写），这个参数是非强制的。默认文件访问模式为只读（r）。其他打开模式见表 8.1，表中 b 代表二进制格式文件，t 代表文本格式文件（可以省略）。

表 8.1　文件打开模式一览表

模式	描述
r 或 rt	以只读模式打开一个已存在的文本格式文件
rb	以只读模式打开一个已存在的二进制格式文件
r+或 rt+	以读写模式打开一个已存在的文本格式文件
rb+	以读写模式打开一个已存在的二进制格式文件
w 或 wt	以只写模式打开一个文本格式文件。如果文件已存在，将其覆盖；如果文件不存在，则创建新文件
wb	以只写模式打开一个二进制格式文件。如果文件已存在，将其覆盖；如果文件不存在，则创建新文件
w+或 wt+	以读写模式打开一个文本格式文件。如果文件已存在，将其覆盖；如果文件不存在，则创建新文件
wb+	以读写模式打开一个二进制格式文件。如果文件已存在，将其覆盖；如果文件不存在，则创建新文件
a 或 at	以追加模式打开一个文本格式文件。如果文件已存在，文件指针位于文件的结尾，即新内容写到已有内容之后；如果文件不存在，则创建新文件进行写入
ab	以追加模式打开一个二进制格式文件。如果文件已存在，文件指针位于文件的结尾，即新内容写到已有内容之后；如果文件不存在，则创建新文件进行写入
a+或 at+	以读写模式打开一个文本格式文件。如果该文件已存在，文件指针位于文件的结尾，文件以追加模式打开；如果文件不存在，则创建新文件用于读写
ab+	以读写模式打开一个二进制格式文件。如果文件已存在，文件指针位于文件的结尾；如果文件不存在，则创建新文件用于读写

4）buffering：表示缓冲区的策略选择。若为 0，则不使用缓冲区，直接读写，仅在二进制模式下有效；若为 1，则仅用于文本模式，表示使用行缓冲区方式；若为大于 1 的整数，则表示缓冲区的大小；若为-1，则表示使用系统默认的缓冲区大小。如果省略参数 buffering，则使用如下默认策略。

- 对于二进制文件，采用固定块内存缓冲区方式，内存块的大小由系统设备分配的磁盘块决定。
- 对于文本文件（使用 isatty()判断为 True），采用行缓冲区的方式。其他文本文件采用与二进制文件一样的方式。

5）encoding：指定文件使用的编码格式，只在文本模式下使用。默认编码格式依赖于操作系统，在 Windows 下默认的文本编码格式为 ANSI。若要以 Unicode 编码格式创建文本文件，则该参数设置为"utf-16"；若要以 UTF-8 编码格式创建文件，则该参数设置为"utf-8"。

一个文件被打开后，将返回一个文件对象，通过文件对象的相关属性得到与该文件相关的信息。表 8.2 是与文件对象相关的属性，属性中的 fileObject 表示使用 open()函数创建的文件对象名。

表 8.2　文件对象相关属性

属性	描述
fileObject.closed	如果文件已被关闭，则返回 True；否则返回 False
fileObject.mode	返回被打开文件的访问模式
fileObject.name	返回文件的名称
fileObject.encoding	返回文件编码
fileObject.newlines	返回文件中用到的换行模式，其是一个元组对象

下面通过以下 3 个例子演示 open()函数的使用方式。

（1）以默认方式打开一个文本文件。

```
file=open('如何学习 Python.txt')
```

open()函数中只指定了文本文件名称，默认为文本文件模式（t），默认文件访问模式为只读（r），默认为缓冲模式，默认文件编码为 GBK 编码。open('如何学习 Python.txt')与 open('如何学习 Python.txt','r')的访问模式相同，都表示只读访问模式。

（2）以二进制形式打开非文本文件。使用 open()函数可以二进制形式打开图片文件、音频文件、视频文件等非文本文件，示例如下。

```
file=open('py.jpg',rb)
```

加上"b"表示以二进制形式打开非文本文件。

（3）打开文件时指定编码方式。打开文件时添加 encoding='utf-8'参数，指定编码方式为utf-8。

【例 8.1】使用 open()函数打开文件。

```
file=open('如何学习 Python.txt','r',encoding='utf-8')
```

2．使用 close()方法关闭文件

Python 中，文件操作完后，如果不再使用该数据文件，则需要及时关闭，以便释放所占用的内存空间，避免对文件造成不必要的破坏。文件对象的 close()方法用来刷新缓冲区中所有还没写入的信息，并关闭该文件。关闭文件后不能再执行写入操作。另外，当一个文件对象的引用被重新指定给另一个文件时，将关闭之前的文件。使用 close()方法的语法格式如下：

```
file.close()
```

其中，file 为打开的文件对象。在关闭文件后便不能进行写入操作了。

当处理完一个文件后，调用 close()方法来关闭文件并释放系统的资源，如果尝试再次调用该文件，则会抛出 ValueError 异常。如果希望继续使用该文件，则必须用 open()函数再次打开文件。

【例 8.2】使用 close()方法关闭文件。

```
file=open('如何学习 Python.txt', 'r')
file.close()
file.read()
```

代码运行时会出现以下异常信息：

```
Traceback(most recent call last):
File "<stdin>", line 3, in <module>
file.read()
ValueError: I/O operation on closed file.
```

3. 打开文件时使用 with 语句

使用 open()函数打开文件后，如果没有及时关闭文件可能会带来意想不到的问题。另外，如果在打开文件时抛出了异常，那么也会导致文件不能被及时关闭。为了更好地避免此类问题发生，可以使用 Python 提供的 with 语句，从而实现在处理文件时，无论是否抛出异常都能保证 with 语句执行完毕后可以关闭已经打开的文件。

使用 open()函数打开文件时应用 with 语句的语法格式如下：

```
with open(filename[, mode[, buffering [, encoding=None]]]) as file:
    <语句体>
```

其中，file 为文件对象，用于将打开文件的结果保存到该对象中；语句体是执行 with 语句后相关的一些操作语句。如果暂不指定任何语句，则可以使用 pass 语句代替。

当处理一个文件对象时，使用 with 语句是非常好的方式。因为在处理结束后，它会自动正确关闭文件。而且其语句体写起来也比 try-finally 语句体要简短。

【例 8.3】使用 with 语句打开文件。

```
with open('如何学习 Python.txt', 'r', encoding='utf-8') as file:
    pass
print("文件状态：",file.closed)
```

代码运行结果如下，自动关闭文件。

```
True
```

8.2.3　文件的读写操作

文件的读写操作

在 Python 中，文件对象提供了 write()方法向文件中写入内容，也提供了 read()、readline()、readlines()等多种读取文件内容的方法。使用 open()函数以某种模式打开一个文件后，通过调用文件对象的相关方法可以很容易对文件进行读写操作。

1. 读取文件

Python 可以读取文本文件或二进制文件,在用 open()函数以只读模式或读写模式打开一个文本文件或二进制文件后，调用该文件对象的 read()、readline()和 readlines()方法从文件中读取文本内容。打开的文件在读取时可以一次性全部读入，也可以逐行读入，或读取指定位置的内容。

（1）使用 read()方法读取指定个数的字符。Python 中，文件对象提供了 read()方法用于读取当前位置下指定个数的字符，其语法格式如下：

```
file.read([size])
```

或

```
变量名=file.read([size])
```

其中，file 是打开的文件对象；size 是一个可选的非负整数，用于指定从指针当前的位置开始要读取的字符个数，如果将其省略则默认读取从指针当前位置到文件末尾的内容。因为刚打开文件时指针当前位置是 0，所以省略 size 会读取文件的所有内容。打开文件时，需要指定打开模式为只读（r）或者读写（r+），否则会抛出异常。

注意：使用 size 指定读取的字符个数时，一个汉字、一个英文字母、一个半角数字的字符个数都相同，均为 1。另外，刚打开文件时，当前读取位置在文件开头，每次读取内容之后，读取位置会自动移到下一个字符，直至达到文件末尾。如果当前读取位置处在文件末尾，则返回一个空字符串。

【例 8.4】 演示打开文本文件后，读取该文件的全部内容并输出。

```
with open('如何学习 Python.txt', 'r', encoding='utf-8') as file:
    content = file.read()
print(content)        #输出全部行的内容
```

代码运行结果：

如何学习 Python？
一、Python 所有方向的学习路线
Python 所有方向路线就是把 Python 常用的技术点做整理，形成各个领域的知识点汇总，它的用处就在于，你可以按照知识点去找对应的学习资源，保证自己学得较为全面。
二、学习软件
工欲善其事，必先利其器。掌握 Python 常用的开发软件的使用。
三、入门学习视频
我们在看视频学习的时候，不能光动眼动脑不动手，比较科学的学习方法是在理解之后运用它们，这时候练手项目就很适合了。
四、实战案例
光学理论是没用的，要学会跟着一起敲，要动手实操，才能将自己的所学运用到实际当中去，加强实战案例学习。

（2）使用 readline()方法读取一行。Python 中，文件对象提供了 readline()方法用于每次逐行读取。readline()方法的语法格式如下：

```
file.readline([size])
```

或

```
变量名=file.readline([size])
```

其中，file 为打开的文件对象，打开文件时，需要指定打开模式为只读（r）或者读写（r+）。参数 size 是一个可选的非负整数，指定从当前行的当前位置开始读取的字符数。如果省略 size，则读取从当前行的当前位置到当前行末尾的全部内容，即读一行，包括换行符（\n）。如果参数 size 的值大于从当前位置到当前行末尾的字符数，则仅读取并返回这些字符，包括换行符（\n）。

刚打开文件时，当前读取位置在第 1 行；每读完一行，当前读取位置自动移至下一行，直至到达文件末尾，则返回一个空字符串。

【例 8.5】演示打开文本文件后，读取该文件的一行内容并输出。

提示：文本文件"如何学习 Python.txt"的初始内容如例 8.4 的运行结果。

```
with open('如何学习 Python.txt', 'r', encoding='utf-8') as file:
    line=file.readline()
print(line, end="\n")        #输出一行内容
```

代码运行结果：

```
如何学习 Python？
```

（3）使用 readlines()方法读取全部行。Python 中，文件对象提供了 readlines()方法用于读取所有可用的行，并返回这些行所构成的列表。readlines()方法的语法格式如下：

```
file.readlines()
```

或

```
变量名 = file.readlines()
```

其中，file 为打开的文件对象，打开文件时，需要指定打开模式为只读（r）或者读写（r+）。

使用 readlines()方法读取全部行时，返回的是一个字符串列表，每个元素为文件的一行内容。

【例 8.6】演示打开文本文件后，读取全部行的内容并输出。

```
with open('如何学习 Python.txt', 'r', encoding='utf-8') as file:
    lines = file.readlines()
print(lines)        #输出全部行的内容
```

代码运行结果：

```
['如何学习 Python？\n', '一、Python 所有方向的学习路线\n', 'Python 所有方向路线就是把 Python 常用的技
术点做整理，形成各个领域的知识点汇总，它的用处就在于，你可以按照知识点去找对应的学习资源，保证
自己学得较为全面。\n', '二、学习软件\n', '工欲善其事，必先利其器。掌握 Python 常用的开发软件的使用。\n',
'三、入门学习视频\n', '我们在看视频学习的时候，不能光动眼动脑不动手，比较科学的学习方法是在理解之
后运用它们，这时候动手项目就很适合了。\n', '四、实战案例\n', '光学理论是没用的，要学会跟着一起敲，要
动手实操，才能将自己的所学运用到实际当中去，加强实战案例学习。']
```

从运行结果可以看出，readlines()方法的返回值为一个字符串列表。在这个字符串列表中，每个元素记录一行内容，每行用"\n"分开。如果文件比较大，则使用这种方式输出读取的文件内容速度会很慢，这时可以将字符串列表的内容逐行输出。

2. 写入文件

Python 的文件对象提供了 write()方法，可以写文本文件或二进制文件，在用 open()函数以只写模式或读写模式打开一个文本文件或二进制文件后，将创建一个文件对象，调用文件对象的 write()方法和 writelines()方法向文件中写入文本内容。

（1）使用 write()方法写入文本内容。文件对象的 write()方法向当前位置写入字符串，并返回写入的字符个数，语法格式如下：

```
file.write(str)
```

其中，file 为使用 open()函数打开文件时返回的文件对象；str 表示需要写入的字符串格式的文本内容。write()方法不会在字符串 str 后加上换行符(\n)，该方法的返回值表示写入的字符个数。

打开文件时，需要指定打开模式为只写（w）或者追加（a），否则会抛出异常。当以读写

模式打开文件时，因为完成写入操作后，当前读写位置的文件指针处在文件末尾，所以此时无法直接读取到文本内容，需要使用 seek()方法将文件指针移动到需要读取的文件位置。如果要写入的文本内容不是字符串类型，那么需要先进行转换。例如，数值可以使用 str()方法转换为字符串。

【例 8.7】演示使用 open()函数创建文件，使用 write()方法向文件中写入内容，然后读取并输出文件内容。

```
content = '1234567890'
file = open("C:\PycharmProjects\Chapter08\mynumber.txt", "w")        #打开一个文件
num = file.write(content)     #写入内容
print(num)
file.close()                       #关闭打开的文件
file = open("C:\PycharmProjects\Chapter08\mynumber.txt", "r")        #打开一个文件
text = file.read()
print(text)
file.close()
```

代码运行结果：
```
10
1234567890
```

（2）使用 writelines()方法写入文本内容。文件对象的 writelines()方法用于向文本中依次写入指定列表中的所有字符串，这一序列字符串可以是由迭代对象产生的，如一个字符串列表。writelines()方法的方法名虽然是 writelines，但是需要注意 writelines()方法写完一行之后，并不会主动换行，如果需要主动换行，那么还是需要我们手动加换行符（\n）。其语法格式如下：

```
file.writelines(iterable)
```

其中，文件对象参数 file 是用 open()函数打开文件时返回的文件对象；iterable 是可迭代对象（字符串、列表、元组、字典），iterable 是要写入文件中的文本内容。

当以读写模式打开文件时，因为完成写入操作后文件指针位于文件末尾，所以此时无法直接读取到文本内容，需要使用 seek()方法将文件指针移动到需要读取的文件位置。

【例 8.8】演示通过追加读写模式打开例 8.7 中创建的文本文件，将新的文本内容添加到该文件末尾，然后输出该文件中的所有文本内容。

```
file1=open("C:\PycharmProjects\Chapter08\mynumber.txt","a+")             #文件打开模式为追加方式
s1=["\n","11111111111111\n","22222222222222\n","333333333333333\n"] #s1 是一个列表
file1.writelines(s1)     #writelines()方法写入列表
file1.close()          #关闭文件
file1=open("C:\PycharmProjects\Chapter08\mynumber.txt","r")             #打开刚才写入的文件
print(file1.read())    #读取文件所有内容并输出
file1.close()          #关闭文件
```

代码运行结果如下，可以看到已经追加了新的文本内容。
```
1234567890
11111111111111
22222222222222
333333333333333
```

（3）使用 flush()方法刷新缓冲区。flush()方法将缓冲区中的数据立刻写入文件，同时清空缓冲区，不需要被动地等待输出缓冲区写入。

一般情况下，文件关闭后会自动刷新缓冲区，但当需要在关闭前刷新它时，可以使用 flush()方法，flush()方法的语法格式如下：

```
file.flush()
```

【例 8.9】演示使用 flush()方法。

```
fo = open("foo.txt", "wb")      #打开文件
print ("Name of the file: ", fo.name)
fo.flush()                      #刷新缓冲区
fo.close()                      #关闭文件
```

代码运行结果：

```
Name of the file:   foo.txt
```

3．在文件中定位

文件被打开后既可以进行写操作，也可以进行读操作。从什么地方开始读写是可以控制的。这要求文件以读写方式打开，同时使用一个文件指针指向文件字节流的位置，调整指针的位置就可以进行任意位置的读写了。在对文本文件或二进制文件进行读/写操作时，文件当前读写位置会随着文本内容的读写自动改变，这个读写位置也称文件指针。在用 open()函数打开一个文本文件或二进制文件后，将创建一个文件对象。可调用文件对象的 tell()方法获取文件指针的位置，也可以使用文件对象的 seek()方法移动文件指针的位置。

（1）使用 tell()方法获取文件的指针位置。Python 中使用文件对象的 tell()方法获取文件指针的位置，语法格式如下：

```
file.tell()
```

其中，文件对象 file 是使用 open()函数打开文件时返回的文件对象。tell()方法的返回值是一个数字，表示当前文件指针所在的位置，即相对于文件开头的字节数。每一次文件读写操作都是在当前文件指针指向的位置上进行的。

【例 8.10】演示使用 tell()方法。

```
file = open("C:\PycharmProjects\Chapter08\mynumber.txt",'w+')   #读写模式创建文本文件对象
print("初始位置：",file.tell())     #打开文件时，文件指针指向文件头，tell()方法的返回值为 0
file.write("1234567890")     #把"1234567890"写入文件，write()方法不会在写入的字符串后加换行符（\n）
file.seek(0)     #把文件指针移动到文件开头
print("读取的三个字符：",file.read(3))     #使用 read()方法读取 3 个字符
print("读取字符后的位置：",file.tell())     #获取文件指针位置
file.close()
```

代码运行结果：

```
初始位置：  0
读取的三个字符：   123
读取字符后的位置：  3
```

文本文件有各种编码方案，常用的有 ASNI（即扩展 ASCII）、UTF-16 和 UTF-8。采用 UTF-16 和 UTF-8 编码格式时又分为两种情况，即带 BOM 和不带 BOM。BOM 是字节顺序标记，亦称为 Unicode 标签。采用 UTF-8 编码时，BOM 占用 3 个字节；采用 UTF-16 编码时，BOM 占用 2 个字节。在不同的编码方案中，中、英文字符占用的字节数不同。在 ASNI 编码中，每个

英文字符占用 1 个字节，每个中文字符占用 2 个字节；在 UTF-8 编码中，每个英文字符占用 1 个字节，每个中文字符占用 3 个字节；在 UTF-16 编码中，每个中、英文字符均占用 2 个字节。鉴于以上情况，在文本文件中移动文件指针时要格外小心，设置移动偏移量时既要考虑 BOM 占用的字节数，也要考虑单个字符占用的字节数。

（2）使用 seek()方法移动文件指针的位置。Python 中使用 open()函数打开一个文本文件或二进制文件后，使用 read([size])读取文件内容时，默认是从文件的开始位置读取的。如果想要读取文件中间部分的内容，可以先使用文件对象的 seek()方法将文件指针移动到指定位置，然后使用 read([size])读取指定数量的字符。seek()方法的语法格式如下：

```
file.seek(offset[,whence])
```

seek()方法改变了文件指针的位置并返回一个整数，表示当前文件指针的位置。其中，file 表示已经打开的文件对象。

offset 表示偏移量，是一个整数，用于指定相对于参考点移动的字节数，计数的起始位置由可选参数 whence 指定。如果偏移量为正数，表示向文件末尾方向移动；如果偏移量为负数，则表示向文件开头方向移动。如果省略参考点 whence 参数，则 offset 是相对于文件的开始位置来计算的。

whence 用于指定从什么位置开始计算，表示参考点，是一个可选的非负整数，值为 0 时表示从文件的开始位置开始计算，值为 1 时表示从当前位置开始计算，值为 2 时表示从文件末尾位置开始计算，默认值为 0，即默认从文件的开始位置开始计算。

使用 seek()方法时，offset 的值是按每个汉字占用 2 个或 3 个字节（GBK 编码每个汉字占用 2 个字节，UTF-8 编码每个汉字占用 3 个字节），每个英文字母或半角数字占用每个字节计算的。

对于 whence 参数，使用 open()函数打开文件时没有使用二进制形式，通过调用文件对象的 seek()方法可以改变文件指针的位置，但是只允许从文件开始位置开始计算相对位置（只会相对于文件起始位置进行定位，即只能用 seek(p,0)或 seek(p)）。如果参考点设置为 1 或 2，则偏移量只能为 0。seek(0,1)表示保持在当前位置，seek(0,2)表示定位到文件末尾，如果从文件末尾开始计算非零偏移量，则系统会抛出 io.UnsupportedOperation 异常。

以二进制形式打开文件时，使用文件对象的 seek()方法改变文件的当前位置有很多种方法。例如：

```
seek(n, 0)  #表示从起始位置即文件首行首字符开始移动 n 个字符。
seek(n, 1)  #表示从当前位置往后移动 n 个字符。
seek(-n, 2) #表示从文件的结尾位置往前移动 n 个字符。
```

【例 8.11】演示 seek()、tell()和 read()方法的联合使用。

```
#读/写模式创建文本文件对象

file = open("C:\PycharmProjects\Chapter08\yourNumber.txt",'w+')
#打开文件时，文件指针指向文件头，tell()方法的返回值为 0
print("初始位置：",file.tell())file.write("123")
#把"123"写入文件，write()方法不会在写入的字符串后加换行符（\n）
file.write("一个汉字占两个字节")
file.seek(0)    #文件指针移动到文件开头
#使用 read()方法读取从当前指针位置到文件末尾的内容
print("第一次读取文件内容：",file.read())
```

```
file.seek(3)                           #移动文件指针到第 4 个字节位置
print("读取字符后的位置: ",file.tell())    #获取文件指针位置
print("第二次读取文件内容: ",file.read())   #获取从第 4 个字节位置到文件末尾的内容
```

代码运行结果:

```
初始位置: 0
第一次读取文件内容: 123 一个汉字占两个字节
读取字符后的位置: 3
第二次读取文件内容: 一个汉字占两个字节
```

从运行结果可以看出,调用 open()函数打开文件时,调用 tell()方法获取当前位置为 0,调用 write()方法写入文本;然后调用 seek(0)把指针移动到文件开头,read()方法读取文件所有内容后,调用 seek(3)移动指针到第 4 个字节位置,再调用 tell()方法,指针指向第 3 个字节位置;最后调用 read()方法读取从当前指针位置开始到文件末尾的内容。

8.2.4　目录基本操作

目录也称文件夹,用于分层保存文件。通过目录可以分门别类地存放文件,也可以通过目录快速找到想要的文件。在 Python 中,并没有提供直接操作目录的函数或者对象,而是需要使用内置的 os 和 os.path 模块中的方法操作文件夹。

Python 中,os 模块和 os.path 模块主要用于对目录和文件进行操作。在使用 os 模块或者 os.path 模块时,需要先应用 import 语句将其导入,然后才可以应用它们提供的函数或者变量。导入 os 模块可以使用以下代码:

```
import os
```

导入 os 模块后,可以使用其子模块 os.path。os 模块和 os.path 模块是 Python 内置的与操作系统功能和文件系统相关的模块。该语句中的执行结果通常与操作系统有关,在不同的操作系统上运行,可能会得到不一样的结果。常见的目录操作主要有创建目录、针对目录操作和删除目录等,本节针对目录的操作都是在 Windows 操作系统中执行的。

1. 创建目录

在 Python 中,os 模块提供了两个创建目录的方法,一个用于创建一级目录,另一个用于创建多级目录。

(1)创建一级目录。创建一级目录是指一次只能创建一级目录,在 Python 中可以使用 os 模块提供的 mkdir()方法实现。通过该方法只能创建指定路径中的最后一级目录,如果该目录的上一级目录不存在,则抛出 FileNotFoundError 异常。mkdir()方法的语法格式如下:

```
os.mkdir(path)
```

其中,path 用于指定要创建的目录,可以使用相对路径,也可以使用绝对路径。

【例 8.12】演示在 Windows 操作系统中创建一个目录 C: \PycharmProjects\Chapter08\mydir。

```
import os
os.mkdir("C:\PycharmProjects\Chapter08\mydir")
```

运行以上代码后,将在目录 C:\PycharmProjects\Chapter08 下创建一个新的目录 mydir。如果在创建目录时,同级目录 mydir 已经存在,则将抛出 FileExistsError 异常;如果创建的文件夹有多级父目录,且创建目录的父目录不存在,则会抛出 FileNotFoundError 异常。

为了保证不出现重复创建目录的问题,可以在创建目录前使用 exists()方法判断指定的目录是否存在,根据判断结果做出合理的操作。后面项目将介绍 exists()的使用方法。

（2）创建多级目录。使用 mkdir()方法一次只能创建一级目录。如果需要一次创建多级目录，可以使用 os 模块提供的 makedirs()方法，该方法采用递归的方式逐级创建指定的多级目录。makedirs()方法的语法格式如下：

```
os.makedirs(name)
```

其中，name 用于指定要创建的多级目录，可以使用相对路径，也可以使用绝对路径。

【例 8.13】演示在 Windows 操作系统中，需要在目录 C:\PycharmProjects\Chapter08 下创建子目录 mydir01，再在子目录 mydir01 下创建下级子目录 mydir0101。

```
import os
os.makedirs("C:\PycharmProjects\Chapter08\mydir01\mydir0101")
```

运行以上代码后，将在目录 C:\PycharmProjects\Chapter08 下创建一个新的目录 mydir01，同时在 C:\PycharmProjects\Chapter08\mydir01 下创建一个新的目录 mydir0101。

2. 针对目录的操作

（1）获取当前工作目录。Python 中，获取当前工作目录可以使用 os 模块中的 getcwd()方法。getcwd()方法不接收任何参数，并以字符串形式返回当前工作目录的路径。getcwd()方法的语法格式如下：

```
os.getcwd()
```

运行以上代码后，将返回表示当前工作目录的字符串。

【例 8.14】在 Windows 操作系统中，获取当前工作目录。

```
import os                                        #导入模块
current_path = os.getcwd()                       #获取当前路径
print("Current working directory is:", current_path)
print("Type of \'getcwd()\' function is:", type(os.getcwd()))   #打印 getcwd()函数的类型
```

代码运行结果：

```
Current working directory is: C:\Users\Administrator\PycharmProjects\myTest01\venv
Type of 'getcwd()' function is: <class 'str'>
```

（2）判断目录是否存在。Python 中，判断目录是否存在可以使用 os.path 模块中的 exists()方法实现。exists()方法的语法格式如下：

```
os.path.exists(path)
```

其中，path 表示待判断的目录的路径，可以使用相对路径，也可以使用绝对路径。如果指定路径中的目录存在，则返回 True；否则返回 False。

【例 8.15】在 Windows 操作系统中，判断 C:\PycharmProjects\Chapter08 目录是否已经存在。

```
import os
print("Directory is Exists?:", os.path.exists("C:\PycharmProjects\Chapter08"))
```

运行以上代码，如果目录 C:\PycharmProjects\Chapter08 存在，则返回 True；否则返回 False。

（3）转移到指定目录。Python 中，在一些情况下，需要将当前目录转移到指定路径，这时就需要使用 os 模块中的 chdir()方法。这个方法相当于 Windows 操作系统中的 cd 命令，其作用是进入某个目录。chdir()方法的语法格式如下：

```
os.chdir(path)
```

其中，path 表示要切换到的新目录。如果新目录存在，则返回 True；否则返回 False。

【例 8.16】在 Windows 操作系统中，将当前目录转移到 C:\PycharmProjects\Chapter08 目录下。

```
import os
path = "C:\PycharmProjects\Chapter08"
#查看当前工作目录
retval = os.getcwd()
print ("当前工作目录为：" , retval)
#修改当前工作目录
os.chdir( path )
#查看修改后的工作目录
retval = os.getcwd()
print ("目录修改成功：", retval)
```

代码运行结果：

```
当前工作目录为：C:\Users\Administrator\PycharmProjects\myTest01\venv
目录修改成功：C:\PycharmProjects\Chapter08
```

（4）显示目录内容。Python 中，在了解目录存在后，往往需要知道目录中包含的内容，这时就需要使用 os 模块中的 listdir()方法。这个方法相当于 Windows 操作系统中的 dir 命令，该方法用于返回指定的目录中包含的文件或文件夹的名字的列表。listdir()方法的语法格式如下：

```
os.listdir(path)
```

其中，path 表示需要列出的目录的路径，可以使用相对路径，也可以使用绝对路径。

返回值是指定路径下的文件和文件夹列表。

为了演示 listdir 命令的使用方法，在例 8.16 的基础上，在 C:\PycharmProjects\Chapter08 目录下手动新建一个 Excel 文件 dir.xls、一个文本文件 mydir.txt 和一个 Word 文件 yourdir.docx。

【例 8.17】在 Windows 操作系统中，列出目录 C:\PycharmProjects\Chapter08 下的文件和文件夹。

```
import os
#打开文件
path = "C:\PycharmProjects\Chapter08"
dirs = os.listdir( path )
#输出所有文件和文件夹
for file in dirs:
    print (file)
```

代码运行结果：

```
dir.xls
mydir.txt
mydir01
yourdir.doc
```

其中，dir.xls、mydir.txt、yourdir.doc 为本例中新建的文件，mydir01 是例 8.13 中新建的子目录。

3．删除目录

（1）删除空目录。Python 中，删除空目录可以使用 os 模块中的 rmdir()方法实现，此方法只有当待删除的目录为空时才能执行。rmdir()方法的语法格式如下：

```
os.rmdir(path)
```

其中，path 为待删除的目录的路径，可以使用相对路径，也可以使用绝对路径。该方法没有返回值。

【例 8.18】演示删除前面创建的文件夹 mydir0101，可以使用下面的代码。

```
import os
os.rmdir("C:\PycharmProjects\Chapter08\mydir01\mydir0101")
```

运行以上代码后，C:\PycharmProjects\Chapter08\mydir01\目录下的子文件夹 mydir0101 将被删除。

如果待删除的文件夹不存在，将抛出 FileNotFoundError 异常。因此，在执行 rmdir()方法删除指定文件夹前，应先使用 os.path.exists()方法判断该待删除的文件夹是否存在，如果存在则删除。

（2）删除非空目录。使用 rmdir()方法只能删除空目录，如果要删除非空目录，可以使用 Python 内置的标准模块 shutil 中的 rmtree()方法实现。rmtree()方法的语法格式如下：

```
shutil.rmtree(path)
```

其中，path 为待删除的目录的路径，可以使用相对路径，也可以使用绝对路径。该方法没有返回值。

【例 8.19】在 Windows 操作系统中，需要在目录 C:\PycharmProjects\Chapter08\mydir01 下再创建一个子目录 mydir0101 和一个文本文件 mydir0101.txt，然后删除 mydir01 文件夹。

```
import shutil
shutil.rmtree("C:\PycharmProjects\Chapter08\mydir01")
```

运行以上代码，会直接将目录 mydir01 中的子目录 mydir0101 和文本文件 mydir0101.txt 都删除。

8.3　项 目 分 解

任务 1：创建文件和打开文件

使用 open()函数完成创建文件和打开文件，创建文件时，参数 w 为写入的操作。如果文件不存在，则创建文件；如果文件存在，则打开。

创建文件和打开文件

【任务代码 01】编写程序实现在当前目录下创建一个 filetask.txt 文件，然后显示文件的相关属性。

```
import os
current_path = os.getcwd()                                    #获取当前目录
file = open(current_path + '/' + 'filetask.txt', 'w', encoding='utf-8')    #如果文件不存在，则新建文件
                                                              #如果文件存在，则打开文件

print("文件名：",file.name)
print("文件对象类型：",type(file))
print("文件缓冲区：",file.buffer)
print("文件访问模式：",file.mode)
print("文件编码方式：",file.encoding)
print("文件换行方式：",file.newlines)
print("文件是否已关闭：",file.closed)
```

```
file.close()
print("执行 close()方法后")
print("文件是否已关闭：",file.closed)
```

代码运行结果：

文件名：C:\Users\Administrator\PycharmProjects\myTest01\venv\filetask.txt
文件对象类型：<class '_io.TextIOWrapper'>
文件缓冲区：<_io.BufferedWriter name='C:\\Users\\Administrator\\PycharmProjects\\myTest01\\venv\\filetask.txt'>
文件访问模式：w
文件编码方式：utf-8
文件换行方式：None
文件是否已关闭：False
执行 close()方法后
文件是否已关闭：True

上述任务代码中，通过 open()函数打开一个文件，如果文件不存在，则按照参数新建一个文件；如果文件存在，则打开文件。最后把打开文件的属性分别打印出来。

任务 2：实现文件内容的读取

使用 Python 中的 read()、readline()和 readlines()方法，读取 Unicode 编码格式的文本文件，要求过滤掉文本行末尾的换行符。通过字符串切片操作可以过滤掉文本行末尾的换行符，即把包含换行符的字符串加上"[-1]"。

【任务代码 02】编写程序实现读取 mytask08-02.txt 文本文件，并把文件中的文本内容打印出来。

```
file = open ("C:\PycharmProjects\Chapter08\mytask08-02.txt","r",-1,"utf-8")
line=file.readline(4)
print(line)
line=file.readline()
print(line[:-1])           #本行与下一行之间没有空行
line=file.readline(3)
print(line)
line=file.readline()       #读取一行的内容
print(line)                #本行与下一行之间有空行
line=file.readlines()      #读取所有内容
print(line)
#本行与下一行之间有空行
file.close()
```

运行以上任务代码前，用记事本输入如下内容，以 Unicode 编码保存，存储路径为 C:\PycharmProjects\Chapter08\mytask08-02.txt。

Happy New Year!
新年快乐！
Happy New Year to you and your family!
祝你和你的家人新年快乐！

代码运行结果：

Happ
y New Year!

新年快
乐！

['Happy New Year to you and your family!\n', '祝你和你的家人新年快乐！']

任务 3：实现文件内容的写入

文件内容的写入

创建一个 Unicode 编码格式的文本文件，使用 Python 中的 write()、writelines()方法输入文本内容，然后输出文件中写入的内容。

【任务代码 03】编写程序实现通过追加模式创建 mytask08-03.txt 文本文件，根据终端输入内容写入 mytask08-03.txt 文本文件，然后输出该文件中的所有文本内容。

```python
file=open ("C:\PycharmProjects\Chapter08\mytask08-03.txt","a+",encoding="utf-8")
print("请输入需要输入的文本内容（QUIT=退出）")
print ("-"*50)
lines=[]
line=input("请输入：")
while line.upper()!="QUIT":
    lines.append(line+"\n")              #在列表尾部添加元素
    line=input("请输入：")
file.writelines(lines)                    #使用 writelines()方法把列表写入文件
file.write("以上为写入的内容"+"\n")        #使用 write()方法写入
file.seek(0)                              #将文件指针移动到文件开头
print("-"*50)
print("文件{0}中的文本内容如下：".format(file.name))
print(file.read())
file.close()
```

代码运行结果：

请输入需要输入的文本内容（QUIT=退出）

请输入：我爱学习 Python
请输入：上机多练习有助于学习 Python
请输入：不断的调试是学习 Python 的有效方法
请输入：QUIT

文件 C:\PycharmProjects\Chapter08\mytask08-03.txt 中的文本内容如下：
我爱学习 Python
上机多练习有助于学习 Python
不断的调试是学习 Python 的有效方法
以上为写入的内容

上述任务代码中，我们需要注意，文件以读写模式打开，在进行文件写入操作后，文件的指针指向文件的末尾，当要读取文件中的内容时，需要通过 seek()方法将文件指针指向需要读取的位置再进行读取。

任务 4：实现当前目录的获取与转移到指定目录

目录的获取与转移

使用 Python 中 os 模块的 getcwd()、chdir()方法来进行目录转移操作，然后获取转移后的目录。

【任务代码 04】编写程序实现获取当前 Python 的工作目录，然后在当前目录下手动创建一个子目录 mydir04，通过程序转移到新建的目录中，再次获取当前目录，接着再次转移到当前目录的上一级目录中。

```
import os
curPath=os.getcwd()                #获取当前目录
print("当前目录为：",curPath)
os.chdir(curPath+"\mydir04")       #转移到当前目录下的子目录 mydir04 中
print("进入子目录后：",os.getcwd())
os.chdir(os.pardir)                #转移到当前目录的上一级目录中
print("进入上一级目录后：",os.getcwd())
```

代码运行结果：
```
当前目录为：C:\PycharmProjects\Chapter08
进入子目录后：C:\PycharmProjects\Chapter08\mydir04
进入上一级目录后：C:\PycharmProjects\Chapter08
```

上述任务代码中，在使用 chdir(path)时，path 可以是绝对路径，也可以是相对路径。

任务 5：实现目录的新建

使用 Python 中 os 模块的 mkdir()、rmdir()方法和 shutil 中的 rmtree()方法实现对目录的新建操作。

目录的新建

【任务代码 05】编写程序实现获取当前 Python 的工作目录，然后在项目目录 C:\Pycharm-Projects\Chapter08 下手动创建一个子目录 dir（创建前判断目录是否已经存在）。目录创建成功后，在新建的 dir 目录下创建文本文件 test1.txt，接着在新建的目录中创建目录 "\text\01" 和 "\text\02"（创建前判断目录是否已经存在），最后在 "\text\02" 目录下创建文本文件 test2.txt。

```
import os
path="C:\PycharmProjects\Chapter08\dir"              #指定要创建的目录
path1=r"C:\PycharmProjects\Chapter08\dir\text\01"    #指定要创建的目录
path2=r"C:\PycharmProjects\Chapter08\dir\text\02"    #指定要创建的目录

print("当前文件所在的路径为：",os.getcwd())
try:
    if not os.path.exists(path):   #判断目录是否存在
        os.mkdir(path)             #创建目录
        print("成功创建目录 dir")
    else:
        print("目录 dir 已经存在")
    if not os.path.exists(path+"\\test1.txt"):
        file=open(path+"\test1.txt","w+")
        print("成功创建文本文件 test1.txt")
        file.close()
    else:
        print("文本文件 test1.txt 已经存在")
```

```
        if not os.path.exists(path1):      #判断目录是否存在
            os.makedirs(path1)             #创建目录
            print(r"成功创建目录 text\01")
        else:
            print(r"目录 text\01 已经存在")
        if not os.path.exists(path2):      #判断目录是否存在
            os.makedirs(path2)             #创建目录
            print(r"成功创建目录 text\02")
        else:
            print(r"目录 text\02 已经存在")
        if not os.path.exists(path2 + "\\test2.txt"):
            file=open(path2+"\\test2.txt","w+")
            print("成功创建文本文件 test2.txt")
            file.close()
        else:
            print("文本文件 test2.txt 已经存在")
    except FileExistsError:
        print("目录或文件已存在，不能创建重名的目录或文件")
    except FileNotFoundError:
        print("目录或文件不存在")
    except Exception as error:
        print(error)
```

代码运行结果：

```
当前文件所在的路径为：   C:\Users\Administrator\PycharmProjects\myTest01\venv
成功创建目录 dir
成功创建文本文件 test1.txt
成功创建目录 text\01
成功创建目录 text\02
成功创建文本文件 test2.txt
```

任务 6：实现目录的删除与内容显示

使用 Python 中 os 模块的 rmdir()方法和 shutil 中的 rmtree()方法实现对目录的删除操作，同时使用 os 模块中的 listdir()方法显示目录内容。

目录的删除与内容显示

【任务代码 06】编写程序实现指定要删除的目录 path、path1、path2，然后删除指定目录 path 中的文件 test1.txt（删除前判断文件是否存在）。接着，判断需要删除的目录 path2 是否存在，并列出目录下的文件，执行命令删除非空目录。最后，判断指定目录 path1 是否存在，如果存在，进行删除操作。

```
import os,shutil
path=r"C:\PycharmProjects\Chapter08\dir"            #指定要删除的目录
path1=r"C:\PycharmProjects\Chapter08\dir\text\01"   #指定要删除的目录
path2=r"C:\PycharmProjects\Chapter08\dir\text\02"   #指定要删除的目录
try:
    if os.path.exists(path+"\\test1.txt"):          #判断文件是否存在
        os.remove(path+"\\test1.txt")               #删除文件
        print("成功删除目录{0}中的文件 test1.txt".format(path))
```

```
    else:
        print("文件 test1.txt 不存在")
    if os.path.exists(path2):                #判断目录是否存在
        dirs=os.listdir(path2)
        for file in dirs:
            print("path2 下的文件：",file)
        shutil.rmtree(path2)                 #删除非空目录
        print("成功删除目录 02 及文件")
        dirs=os.listdir(path2+"/..")
        for file in dirs:
            print("删除后的文件：",file)      #删除 02 后，上一级目录下只有 01
    else:
        print("目录 02 不存在")
    if os.path.exists(path1):                #判断目录是否存在
        os.rmdir(path1)                      #删除目录
        print("成功删除目录 01")
    else:
        print("目录 01 不存在")
    if os.path.exists(path):                 #判断目录是否存在
        shutil.rmtree(path)                  #删除目录
        print("成功删除目录 dir 及文件")
    else:
        print("目录 dir 不存在")
except Exception as error:
    print(error)
```

代码运行结果：

```
成功删除目录 C:\PycharmProjects\Chapter08\dir 中的文件 test1.txt
path2 下的文件：test2.txt
成功删除目录 02 及文件
删除后的文件：01
成功删除目录 01
成功删除目录 dir 及文件
```

8.4　项 目 总 结

本项目首先介绍了文件的基础知识和基本操作方法；其次介绍了文件的读写操作方法；然后简要介绍了目录的基本操作方法；最后通过 6 个任务的上机实践，使读者熟练掌握了 Python 文件和目录操作的基本方法。

8.5　习　　题

一、选择题

1. 在读写文件之前，必须通过（　　）方法创建文件对象。
   A．read　　　　　　　B．flush　　　　　　　C．File　　　　　　　D．open

2．使用 open()函数可以打开指定文件，在 open()函数中访问模式参数使用（　　）表示只读。

    A．w+　　　　　　　　B．r　　　　　　　　C．a　　　　　　　　D．w+

3．下列不是 Python 中对文件的读取操作的是（　　）。

    A．read()　　　　　　　B．readlines()　　　　C．readline()　　　　D．reads()

4．Python 的 os.path 模块中用来判断目录是否存在的方法是（　　）。

    A．getcwd()　　　　　　B．chdir()　　　　　　C．listdir()　　　　　D．exists()

5．对文件进行读写操作时，可以保证无论什么原因跳出该语句所在的代码块，文件都能被正确关闭的语句是（　　）。

    A．with　　　　　　　　B．if　　　　　　　　C．for　　　　　　　　D．def

二、编程题

1．编写程序实现从终端输入一些字符，逐个把输入的字符写到磁盘文件上，直到输入一个"！"为止。

2．编写程序实现从一个文本文件中读取全部内容，并将其中的大写字母转换为小写字母，小写字母转换为大写字母，然后在当前工作目录中新建 result 文件夹，把转换后的结果写入 result 文件夹的新文件。

3．编写程序实现从终端读入用户指定的目录，备份到用户指定的位置。

项目 9 异 常 处 理

9.1 项 目 引 导

本项目要求熟练掌握程序异常的处理方法，项目主要讲解 Python 异常的相关知识，包括异常的概念、异常的处理、如何抛出异常、用户自定义异常类以及预定义清理行为，同时进行项目分解，通过项目任务实训案例巩固读者对异常的应用。通过本项目的学习，读者应掌握如何处理和使用异常。

9.2 技 术 准 备

异常的概念

9.2.1 异常的概念

在使用 Python 进行编程的时候，编译器不时会出现一些错误提示信息。这些错误信息分为两类：一类是语法错误，另一类是异常。即使程序语法没有问题，但是在运行过程中还是有可能发生错误的，这种在运行时检测到的错误称为异常。异常事件可能是用户输入错误、除以0，下标越界、要访问的文件不存在、类型错误等，也可能是通常不会发生的事情。大多数异常不会被程序处理，程序将终止并显示一条错误消息（Traceback）。如果这些错误得不到正确的处理，则会导致程序终止运行。通过异常处理可以避免此类情况发生，从而使程序更加健壮，具有更强的容错性。

【例 9.1】 异常代码示例。

```
num=input('please input the number：')        #定义 num，用来保存输入的数
for i in range(int(num)):                     #循环 0～num 的数
print(i)
```

上述代码在运行时，如果用户输入的是数字字符串，则可以得到正确结果；如果输入的是非数字，则程序会引发异常。

```
Traceback (most recent call last):
    File  "<stdin>", line 6, in <module>
        for i in range(int(num)):                                   #循环 0～num 的数
ValueError: invalid literal for int() with base 10: 'OK'
```

9.2.2 异常的处理

1. 异常的处理机制

异常通常是由于程序外部无法控制所导致的，如用户输入了不合法的数据、打开了一个不存在的文件、等待网络或者系统的任务没有响应等。异常需要进行处理，否则程序在运行过程中一旦遇到异常就会崩溃，无法继续向下执行。

为处理这些异常事件，可以在每个可能发生这些事件的位置都使用条件语句，判断可能出现的问题，进行相应处理。例如，对于每个除法运算，都检查除数是否为 0，避免出现 ZeroDivisionError 异常。但是这种方法存在非常明显的问题，程序员不能把所有可能的问题都一一穷尽，即使全部罗列出了可能出现的问题，但写出来的程序逻辑复杂，可读性差，而且运行效率低，缺乏灵活性。

Python 提供功能强大的替代解决方案——异常处理机制。异常处理机制可以使程序中的异常处理代码和正常业务代码分离，保证程序更加优雅，并可以提高程序的健壮性。

Python 的异常机制主要有五个关键字：try、except、else、finally 和 raise。其中在 try 关键字后缩进的代码块简称 try 块，其中放置的是可能引发异常的代码；在 except 关键字后对应的是异常类型和一个代码块，用于表明该 except 块处理的代码块类型；在多个 except 块之后可以放置一个 else 块，表明程序不出现异常时还要执行 else 块；最后还可以跟一个 finally 块，用于回收在 try 块里打开的物理资源，异常处理机制会保证 finally 块总被执行；而 raise 关键字用于引发一个实际的异常，可以单独作为语句使用，引发一个具体的异常对象。

2. 异常的处理

异常处理通过使用 try-except-finally 语句来捕获、处理异常，其语法具体如下。

（1）使用 try/except 捕获异常（单分支）。异常处理结构 try/except 是 Python 异常处理的基本形式。一般会把有可能引发异常的代码放在 try 子句的代码块中，而 except 子句的代码块则用来处理相应的异常。try/except（单分支）的语法格式如下：

```
try:
        被检测的代码块
except  异常类型:
        try 子句代码块中一旦检测到异常，就执行这个位置的逻辑
```

异常处理结构 try/except 的工作方式如下：

- 首先执行 try 子句代码块（在关键字 try 和 except 之间的语句），如果没有产生异常，

则忽略 except 子句, try 子句执行后正常结束。

● 如果 try 子句代码块在执行过程中产生异常,则立即被捕获,同时跳出 try 子句代码块,进入 except 子句代码块,进行异常处理。在 except 子句的代码块中,可以根据 try 子句抛出的异常的不同类型进行相应处理。如果异常的类型与 except 关键字后的名称相同,则对应的 except 子句被执行。

● 如果一个异常没有与 except 匹配,则该异常会传递给上层的 try(如果有的话)。

【例 9.2】try/except 捕获异常代码示例。

```
total = 100
while True:
    x = input("请输入整数: ")
    try:
        x = int(x)
        val = total / x
        print("==>您输入的整数为: ",x, " **** 商为: ",val)
    except Exception as e:
        print("Error! ",e)
```

代码运行结果:

```
请输入整数: 1
==>您输入的整数为:   1   ****  商为:   100.0
请输入整数: 2
==>您输入的整数为:   2   ****  商为:   50.0
请输入整数: 3str
Error!   invalid literal for int() with base 10: '3str'
请输入整数: 0
Error!   division by zero
```

(2)使用 try/except 捕获异常(多分支)。多分支可以用来处理多种异常情况,如果最后未捕获到异常,则报错。try/except(多分支)的语法结构如下:

```
try:
    #可能引发异常的代码块
except Exception1:
    #处理类型为 Exception1 的异常
except Exception2:
    #处理类型为 Exception2 的异常
except Exception3:
    #处理类型为 Exception3 的异常
…
```

上述处理结构的工作方式与基本结构稍有不同,如果 try 子句代码块产生异常,则按顺序依次检查每个 except 后的异常类型,直到异常类型与某个 except 后的名称相同,其对应的 except 子句被执行。

(3)使用 try/except-else 捕获异常。异常处理结构 try/except-else 是在 try/except 结构中增加 else 子句,注意 else 子句应该放在所有的 except 子句之后。异常处理结构 try/except-else 的语法格式如下:

```
try:
    #可能引发异常的代码块
```

```
except Exception1:
     #处理类型为 Exception1 的异常
except Exception2:
     #处理类型为 Exception2 的异常
except Exception3:
     #处理类型为 Exception3 的异常
...
else:
     #如果 try 子句代码块没有引发异常，则继续执行 else 子句代码块
```

该处理结构的工作方式：如果 try 子句代码块产生异常，则执行其后的一个或多个 except 子句，进行相应的异常处理，而不去执行 else 子句代码块；如果 try 子句代码块没有产生异常，则执行 else 子句代码块。这种结构的好处是不需要把过多的代码放在 try 子句中，而是放那些真的有可能产生异常的代码。

【例 9.3】try/except-else 捕获异常代码示例。

```
s = input('请输入除数:')
try:
     result = 20 / int(s)
     print('20 除以%s 的结果是：%g' % (s , result))
except ValueError:
     print('值错误，您必须输入数值')
except ArithmeticError:
     print('算术错误，您不能输入 0')
else:
     print('没有出现异常')
```

上述代码为异常处理流程添加了 else 子句代码块，如果代码中的 try 子句代码块没有出现异常，则会执行 else 子句代码块。运行上述代码，如果用户输入导致代码中的 try 子句代码块出现了异常，则运行结果如下：

```
请输入除数：a
值错误，您必须输入数值
```

如果用户输入让代码中的 try 子句代码块顺利完成，则运行结果如下：

```
请输入除数：3
20 除以 3 的结果是：6.66667
没有出现异常
```

（4）使用 try/except-finally 捕获异常。异常处理结构 try/except-finally 是在 try/except 基本结构中增加 finally 子句，无论 try 子句代码块是否产生异常，无论异常是否被 except 子句所捕获，都将执行 finally 子句代码块。异常处理结构 try/except-finally 的语法结构如下：

```
try:
     #可能引发异常的代码块
except Exception1:
     #处理类型为 Exception1 的异常
except Exception2:
     #处理类型为 Exception2 的异常
except Exception3:
     #处理类型为 Exception3 的异常
```

```
...
finally:
        #无论 try 子句代码块是否产生异常，都会执行 finally 子句代码块
```

注意：该语法结构中可以没有 except 子句，但此时 finally 子句都将被执行；若 try 子句中产生了异常，则在 finally 子句执行后被抛出。

【例 9.4】try/except-finally 捕获异常代码示例。

```
try:
        val = 1 / 0
        pass
except FloatingPointError as ex1:    #未能捕捉到异常
        print("ex1:", ex1)
except ZeroDivisionError as ex2:    #捕捉到异常
        print("ex2:", ex2)
finally:
        print("都要处理 finally 子句！")
```

上面的例子中，我们按顺序检查每个 except 后的异常类型，对 try 子句代码块产生的异常进行捕捉，如果某个 except 子句被捕捉到，则执行其代码块进行相应处理。但无论是否产生异常，或者是否被捕捉到，finally 子句都将被执行。代码运行结果如下：

```
ex2: division by zero
都要处理 finally 子句！
```

finally 无论是否有异常都会被执行的特性，常被用来做一些清理工作。有时程序在 try 子句代码块中打开了一些物理资源（如数据库连接、网络连接和磁盘文件等），这些物理资源都必须被显式回收，这时就可以把回收资源的代码放入 finally 子句。

（5）try/except-else-finally 捕获异常。完整的 Python 异常处理结构同时包括 try 子句、多个 except 子句、else 子句和 finally 子句。异常处理结构 try/except-else-finally 的语法结构如下：

```
try:
        #可能引发异常的代码块
except Exception1:
        #处理类型为 Exception1 的异常
except Exception2:
        #处理类型为 Exception2 的异常
except Exception3:
        #处理类型为 Exception3 的异常
...
else:
        #如果 try 子句代码块没有引发异常，则继续执行 else 子句代码块
finally:
        #无论 try 子句代码块是否产生异常，都会执行 finally 子句代码块
```

【例 9.5】try/except-else-finally 捕获异常代码示例。

```
while True:
        x = input("请输入整数类型的除数：")
        y = input("请输入整数类型的被除数：")
        try:
                x = int(x)
```

```
            y = int(y)
            val = y / x
        except TypeError:
            print("TypeError")
        except ZeroDivisionError:
            print("ZeroDivisionError")
        except Exception as e:
            print("Error! ",e)
        else:
            print("No Error!")
            print("x=",x," y=",y, " y/x=",val,"\n")
        finally:
            print("finally 子句都要被执行！\n ")
```

代码运行结果：

请输入整数类型的除数：1
请输入整数类型的被除数：100
No Error!
x= 1   y= 100   y/x= 100.0
 finally 子句都要被执行！
请输入整数类型的除数：1str
请输入整数类型的被除数：100
Error!   invalid literal for int() with base 10: '1str'
finally 子句都要被执行！
请输入整数类型的除数：0
请输入整数类型的被除数：100
ZeroDivisionError
finally 子句都要被执行！

9.2.3　抛出异常

Python 程序中的异常不仅可以自动触发，还可以使用 raise 语句和 assert 语句主动抛出异常。

1. 使用 raise 语句抛出异常

通过前面的学习可知异常是程序运行时的一种错误，那么该异常是如何抛出的呢？在 Python 中抛出异常的语句是 raise 语句，格式如下：

```
raise    异常类              #引发异常时会隐式地创建类对象
raise    异常类对象          #引发异常类实例对象对应的异常
raise                       #重新引发刚刚发生的异常
```

其中，raise 为抛出语句；异常类表示建立一个异常类 Exception 或 Exception 的子类；异常类对象表示建立一个异常类 Exception 或 Exception 的子类的对象，该对象用指定的字符串设置其 Message 属性。在上述格式中，第 1 种方式和第 2 种方式是对等的，都会引发指定异常类对象。但是，第 1 种方式隐式地创建了异常类的实例；而第 2 种方式是最常见的，其会直接提供一个异常类的实例。第 3 种方式用于重新引发刚刚发生的异常。

（1）使用类名引发异常。当 raise 语句指定异常的类名时，会创建该类的实例对象，然后引发异常。

【例 9.6】raise 语句指定异常的类名。

```
raise IndexError
```

代码运行结果：

```
Traceback (most recent call last):
    File "C: \PycharmProjects\Chapter09\example09-06.py", line 5, in <module>
        raise IndexError
IndexError
```

（2）使用异常类的实例引发异常。通过显式地创建异常类的实例，直接使用该实例对象来引发异常。

【例 9.7】raise 语句指定异常类的实例。

```
index_error = IndexError()
raise index_error
```

代码运行结果：

```
Traceback (most recent call last):
    File "C: \PycharmProjects\Chapter09\example09-07.py", line 6, in <module>
        raise index_error
IndexError
```

（3）传递异常。不带任何参数的 raise 语句，可以再次引发刚刚发生过的异常，作用就是向外传递异常。

【例 9.8】raise 语句传递异常。

```
try:
        raise IndexError
except:
        print("出错了")
        raise
```

上述代码中，try 子代码块中使用 raise 抛出了 IndexError 异常，程序会跳转到 except 子句中执行输出打印语句，然后使用 raise 再次引发刚刚发生的异常，导致程序出现错误而终止运行。运行结果如下：

```
Traceback (most recent call last) :
    File "C: \PycharmProjects \Chapter09\example09-08.py", line 6, in <module>
            raise IndexError
IndexError
出错了
```

（4）指定异常的描述信息。当使用 raise 语句抛出异常时，还能给异常类指定描述信息。

【例 9.9】raise 语句指定异常的描述信息传递异常。

```
raise IndexError("索引下标超出范围")
```

上述代码中，在抛出异常类时传入了自定义的描述信息。代码运行结果如下：

```
Traceback (most recent call last):
    File "C:\PycharmProjects\Chapter09\example09-09.py", line 5, in <module>
            raise IndexError("索引下标超出范围")
IndexError:索引下标超出范围
```

（5）异常引发异常。如果要在异常中抛出另外一个异常，可以使用 raise-from 语句实现。

【例 9.10】raise 语句指定异常的描述信息传递异常。

```
try:
    number
except Exception as exception:
    raise IndexError("下标超出范围") from exception
```

上述代码中，try 子句代码块只定义了变量 number，并没有为其赋值，所以会引发 NameError 异常，使程序跳转到 except 子句中执行。except 子句能捕捉所有的异常，并且使用 raise-from 语句抛出 NameError 异常后再抛出"下标超出范围"的异常。代码运行结果如下：

```
Traceback (most recent call last):
    File "C:PycharmProjects \Chapter09\异常.py", line 8, in <module>
        raise IndexError("下标超出范围")
IndexError:下标超出范围
```

2. 使用 assert 语句抛出异常

assert 语句又称断言语句，是指期望用户满足的指定条件，当条件不满足时，就会抛出 AssertionError 异常，其语法格式如下：

```
assert 表达式[,data]
```

其中，assert 后面紧跟一个表达式，表达式相当于条件，值为 True 时不做任何动作，值为 False 时触发异常；data 通常是一个字符串，用来描述异常信息。

assert 可以作为有条件的 raise 语句，逻辑上相当如下语句：

```
If not 表达式:
raise AssertionError(data)
```

【例 9.11】raise 语句指定异常的描述信息传递异常。

```
num1 = int(input('请输入被除数：\n'))
num2 = int(input('请输入除数：\n'))
assert num2 != 0, "除数禁止为 0"
result = num1/num2
print(f'计算结果为：{result}")
```

上述代码中，会收到用户输入的被除数和除数，然后使用 assert 语句判定除数 num2 是否等于 0，如果不等于 0 则进行正常的除法运算；否则抛出 AssertionError 异常，并输出"除数禁止为 0"的异常信息。

除数为 0 时的运行结果：

```
请输入被除数：
12
请输入除数：
0
Traceback (most recent call last):
    File "<stdin>"", line 7, in <module>
        assert num2 != 0, "除数禁止为 0"
AssertionError: 除数禁止为 0
```

9.2.4 用户自定义异常类

内置异常涉及的范围很广，能够满足大部分需求。但是在某些具体场景下，出现了内置异常没有涉及的情况，这时程序员想引发自定义的异常。那么如何创建自定义异常呢？在前面的学习中，已经知道在 Python 中可以把异常作为一个对象。自定义异常就是创建一个类，这个类应该派生自内置异常类。Python 所有异常的基类是 BaseException，它有 4 个子类：SystemExit、KeyboardInterrupt、GeneratorExit、Exception。前 3 个是系统级异常，最后一个 Exception 类是除了前 3 个异常外的所有内置异常和用户自定义异常的基类。因此，定义一个自定义异常只需要定义一个继承 Exception 类的派生类即可。

自定义异常类的代码如下：

```
class SomeCustomException(Exception): pass
```

其中，class 是定义类的关键字；SomeCustomException 是自定义异常的类名；Exception 表示继承自 Exception 类，也可以继承自其他 Exception 类的子类。在大部分情况下，创建自定义异常类都可采用与上面相似的代码来完成，只要改变 SomeCustomException 位置的异常的类名即可。自定义异常的类名最好能够准确地描述该异常。大部分自定义异常类不需要类体定义，因此使用 pass 语句作为占位符即可。

系统自带的异常只要触发就会自动抛出，如 ZeroDivisionError、NameError 等。但用户自定义的异常需要用户自己决定什么时候抛出。可以使用 raise 语句手动抛出自定义的异常，再用 try 块捕捉用户手动抛出的异常，最后用 except 块处理。

【例 9.12】用户自定义异常类。

```
#自定义异常类 MyError，继承普通异常基类 Exception
class MyError(Exception):
    def __init__(self, value):
        self.value = value
    def __str__(self):
        return repr(self.value)
try:
    num = input("请输入数字：")
    if not num.isdigit():            #判断输入的是否是数字
        raise MyError(num)           #输入的如果不是数字，则手动指定抛出异常
except MyError as e:
    print("请输入数字。您输入的是：",str(e))
```

上述代码中，自定义异常类 MyError 的 try 子句代码块中对用户输入进行判断，如果用户输入的不是数字，则通过 raise 语句手动抛出异常，使程序跳转到 except 子句中执行。except 子句能捕捉 MyError 异常。代码运行结果如下：

```
请输入数字：w
请输入数字。您输入的是: 'w'
```

9.2.5　预定义清理行为

有些对象定义了标准的清理行为，无论对象操作是否成功，当不再需要该对象的时候就会起作用。以下示例尝试打开文件并把内容打印到屏幕上。

```
for line in open("C: \PycharmProjects \Chapter09\ myfile.txt"):
print line
```

上述代码的问题在于，在代码执行完后没有立即关闭打开的文件。这在简单的脚本里没什么，但是在大型应用程序中就会出现问题。with 语句使文件之类的对象可以确保能及时准

确地进行清理。

【例 9.13】预定义清理行为代码示例

```
with open("C:\PycharmProjects\Chapter09\myfile.txt","r",encoding="utf-8") as f:
    for line in f:
        print(line)
```

with 语句执行后，文件 f 总会被关闭，即使是在处理文件中的数据时出错也一样。想知道其他对象是否提供了预定义的清理行为要查看它们的文档。

9.3 项目分解

运用 try/except 捕获异常

任务 1：运用 try/except 捕获异常

当 try 子句中的某条语句出现错误时，程序就不再继续执行 try 中未执行的语句，而是直接执行 except 子句中的语句。

【任务代码 01】编写程序实现求任意两个整数的商，使用 try/except 捕获可能出现的异常。

```
try:
    x =int(input("请输人被除数："))
    y = int(input("请输入除数："))
    k =x/y
    print("商为：",k)
except (ValueEror,ZeroDivisionError) as msg:
    print("异常原因：",msg)
```

当输入除数为 0 时，程序引发异常，运行结果如下所示：

```
请输入被除数：10
请输入除数：0
Traceback (most recent call last):
    File "C:/Users/Administrator/PycharmProjects/myTest01/venv/test01.py", line 4, in <module>
        k =x/y
ZeroDivisionError: division by zero
```

有时，多个异常可以统一处理。其方法是在 except 后面跟多个异常，然后对这些异常进行统一处理。except 子句应按照由细到粗的顺序排列，即首先捕捉和处理精准的异常，把所有能想到的异常都处理完之后，为了防止遗漏了某个异常，最后增加一个不带任何异常类型的 except 子句或者捕捉异常基类 Exception 的 except 子句。

任务 2：运用 try/except-else 捕获异常

else 子句的异常处理结果可以看成一种特殊的选择结构。如果 try 中的代码抛出了异常并且被某个 except 子句捕获，则执行相应的异常处理代码，在这种情况下不会执行 else 子句的代码；如果 try 中的代码没有抛出异常，则执行 else 子句的代码。

【任务代码02】编写程序实现让用户输入数字，同时对可能出现的异常进行处理。

```
while True:
    x=input("请输入：")
```

```
try:
    x = int(x)
except:
    print("错误：输入的为非数值型。")
else:
    print("您输入的数为：%d" %x)
    break
```

执行程序，输入 56 时运行结果如下：

请输入：56
您输入的数为 56

上述运行结果表明，当输入数值型数据时，程序没有引发异常，不执行 except 子句，执行 else 子句。

输入为 a 时，运行结果如下：

请输入：a
错误：输入的为非数值型。
请输入：

上述运行结果表明，当输入非数值型数据时，程序引发异常，不执行 else 子句，执行 except 子句，并提示重新输入。

任务 3：运用 try/except-finally 捕获异常

在这种结构中，无论 try 子句中的代码是否发生异常，也不管抛出的异常有没有被 except 子句捕获，finally 子句中的代码都会被执行。因此，finally 子句的代码常用来做一些清理工作以释放子句申请的资源。

运用 try/except-finally
捕获异常

【任务代码 03】分析下面的代码中，哪些语句由于异常的发生而没有被执行。

```
try:
    f=open("test.txt")    #这是一个存在的文件
    print(f.read())
    sum1=5+"6"
    f.close()
    print("关闭文件")
except:
    print("出错啦-")
```

上述程序执行到语句 sum1=5+"6"时抛出异常，导致 close 语句未执行，文件 test.txt 未关闭，但希望在程序退出前关闭文件。

修改后的代码如下：

```
try:
    f=open("test.txt")    #这是一个存在的文件
    print(f.read())
    sum1=5+"6"
except:
    print("出错啦-")
finally:
    f.close()
    print("关闭文件")
```

任务 4：运用 try/except-else-finally 捕获异常

在任务 3 中，对于未出现异常情况必须执行的语句，我们使用 else 子句更加实用有效。

【任务代码 04】在任务代码 03 中，增加 else 子句的使用。

```
try:
    f=open("test.txt")    #这是一个存在的文件
    print(f.read())
    sum1=5+"6"
except:
    print("出错啦-")
else:
    print("执行成功了")
finally:
    f.close()
    print("关闭文件")
```

代码运行结果：

```
1234567890
执行成功了
关闭文件
```

任务 5：运用 raise 语句抛出异常

【任务代码 05】判断用户输入的年龄是否在 0～100 之间，若超出该范围，则抛出异常。

运用 raise 语句抛出异常

```
try:
    age=input("请输入年龄：")
    age=int(age)
    if age < 0 or age > 100:
        raise Exception("年龄的值不合法！")
    print("输入的年龄为：%d"%age)
except Exception as msg:
    print(str(msg))
finally:
    print("结束程序")
```

代码运行结果：

```
请输入年龄：110
年龄的值不合法！
结束程序
```

上述代码中，当输入的年龄不在 0~100 范围时，使用 raise 语句强制抛出异常。在这里因为不确定抛出异常的类别，所以采用 Exception 基类代替。

任务 6：运用用户自定义异常类捕获异常

【任务代码 06】自定义一个异常类，判断用户的名字长度是否超过 4 个字符，如果超出该范围，则抛出异常，进行异常处理。

```
class NameLengthException(Exception):
    def __init__(self,leng):
        self.leng=leng
    def __str__(self):
        return"姓名长度是{}，超过长度限制".format(self.leng)
def nameTest():
    name = input("输入你的名字：")
    try:
        if len(name)>4:
            raise NameLengthException(len(name))
        return name
    except NameLengthException as e:
        print("nameTest 函数捕获：",e,sep="")
        raise
def main():
    try:
        name = nameTest()
        print(name)
    except NameLengthException as e:
        print("main 函数捕获：",e,sep=" ")
main()
```

代码运行结果：

```
输入你的名字：Python
nameTest 函数捕获：姓名长度是 6，超过长度限制
main 函数捕获：姓名长度是 6，超过长度限制
```

首先定义一个异常类，继承自 Exception，类名是 NameLengthException，定义两个特殊方法：__init__()方法初始化对象，给对象传入名字的长度属性；__str__()方法定义了对象的打印输出格式。其次，定义一个 nameTest()函数，这个函数的作用是让用户输入名字，并对名字长度进行检查，当名字长度大于 4 时，引发 NameLengthException 异常。最后，调用 nameTest()函数，代码运行后，输入 Python 引发了异常，因为有完整异常定义，因此打印出了异常信息。

上述任务代码中，main()函数中调用了 nameTest()函数，在 nameTest()函数中引发了 NameLengthException 异常。nameTest()函数中 exception 子句捕获了这个异常，进行处理后再次引发异常。这个异常由调用 nameTest()函数的 main()函数的 except 子句捕获，并进行处理。从运行结果可以看出，两个函数捕获异常后，都打印出了对应的字符串。

任务 7：运用预定义清理行为

【任务代码 07】编写程序读取一个英文文本文件 myEnglish.txt，将小写字母全部转换为大写字母，然后把转换后的结果输出到另一个新的文本文件中。

```
def switch_upper(file_name, new_file_name):
    with open(file_name,'r',encoding="utf-8") as fp, open(new_file_name,'w',encoding="utf-8") as new_fp:
        new_line = " "                #用于存储转换后的字符串
        line_content = fp.read()      #读取原文件内容
        for content in line_content:
            if content.islower():     #判断是否为小写字母
```

```
                        new_line += content.upper()    #转成大写字母
            else:
                        new_line += content
            #将数据写入文件
            new_fp.write(new_line)
switch_upper("myEnglish.txt","myEnglish-new.txt")
```

以上代码通过利用文件对象的预定义清理行为，即使对象操作出现异常情况，都能保证文件对象被正确关闭。

9.4 项 目 总 结

本项目通过 7 个任务的学习，理解了 Python 异常处理机制的基本概念，使读者能够熟练使用异常处理的 5 个关健字 try、except、else、finally 和 raise，进行异常的捕获、处理。然后学习异常类的继承关系、自定义异常的方法以及如何引发自定义的异常，最后学习了预定义清理行为。后续在异常处理中，我们需要注意以下 8 个方面：

（1）异常处理结构可以提高程序的容错性和健壮性，避免过多依赖异常处理机制。

（2）异常处理结构中主要的关键字有 try、except、else 和 finally。若它们同时出现，则其顺序必须是 try→except→else→finally，即所有的 except 子句必须在 else 子句和 finally 子句之前，else 子句必须在 finally 子句之前。

（3）使用 try-except 捕获并处理异常，使用 rasie 语句抛出异常，assert 语句一般用于对程序某个时刻必须满足的条件进行验证。

（4）程序只执行最先匹配的一个 except。

（5）如果父类异常在最前面，则会吞噬所有的子类异常。

（6）try/except 捕获异常（多分支），异常只会匹配一个 except。

（7）要先写子类异常再写父类异常。

（8）如果 except 捕获的错误与触发的错误不一致，则程序会捕获不到异常。

9.5 习   题

一、选择题

1．以下保留字不用于异常处理逻辑的是（   ）。
  A．if   B．else   C．try   D．finally

2．以下关于 Python 中 try 语句的描述错误是（   ）。
  A．当执行 try 子句代码块触发异常后，会执行 except 后面的语句
  B．try 用来捕捉执行代码发生的异常，处理异常后能够回到异常处继续执行
  C．try 子句代码块不触发异常时，不会执行 except 后面的语句
  D．一个 try 子句代码块可以对应多个处理异常的 except 子句代码块

3．（   ）是所有异常类的父类。
  A．TypeError   B．Error   C．Exception   D．BaseException

4．在 Python 异常处理机制中，（　　）子句的代码无论是否有异常都要执行。

    A．if　　　　　　　　B．else　　　　　C．finally　　　　D．Except

5．在完整的异常语句中，语句出现的顺序正确的是（　　）。

    A．try→except→finally→else　　　　　　B．try→else→finally→except

    C．try→finally→else→except　　　　　　D．try→except→else→finally

二、编程题

1．编写程序，通过 raise 语句引发一个 ZeroDivisionError 异常，捕获后输出"捕获到 ZeroDivisionError"。

2．编写程序，按照用户输入的边长计算正方形的面积，若边长为负值则抛出异常（正方形的面积公式：S=a*a）。

3．编写程序实现对学生的 Python 课程期末成绩进行等级评定，大于等于 90 分的为"优秀"，80～90 分（包括 80 分）的为"良好"，60～80 分（包括 60 分）的为"合格"，60 分以下为"不合格"，最后把学生成绩打印出来。

项目 10　常用的标准库和第三方库

 学习目标

- 理解 Python 中标准库和第三方库的含义。
- 掌握常用标准库和第三方库的安装和引用方法。
- 理解和掌握标准库 turtle、random 和 time 的使用方法。
- 理解和掌握第三方库 NumPy、Matplotlib、jieba、wordcloud 和 PIL 的使用方法。

育人目标

- 培养学生不怕困难、细致严谨、精益求精、勇于探索的工匠精神和良好的劳动习惯。
- 培养学生诚实、守信、坚韧不拔的性格。
- 提高学生沟通表达、自我学习和团队协作能力。
- 鼓励学生综合利用所学的 Python 技术解决本专业的具体问题,提高学生的编程能力。

10.1　项 目 引 导

　　Python 有一套很有用的标准库(Standard Library),它是 Python 的组成部分。当安装 Python 解释器时,标准库会随其被安装。Python 的标准库可以让编程事半功倍,是程序开发的利器。

　　如果把 Python 看作一个手机,那么第三方库相当于手机里各种各样的 App。当我们想将数据进行可视化时,可以选择功能全面的 Matplotlib 库;当我们想对中文文本进行分词处理时,可以使用 jieba 库;当我们想做文本分析,提取文本关键词时,可以选择 wordcloud;当我们想做图片处理工作时,可以使用 PIL 库。这些都是很成熟的第三方库。Python 的第三方库是不在 Python 安装包中的函数库,即非标准函数库。这类函数库一般是由全球各领域专业人士结合其专业特点和兴趣爱好开发出来的辅助库。有时也将标准库或者第三方库统称为模块。

　　本任务主要完成 Python 常用标准库 turtle、random 和 time 以及第三方库 NumPy、Matplotlib、jieba、wordcloud 和 PIL 的安装和使用方法,熟练掌握库的概念和相应功能。

10.2　技 术 准 备

turtle 库的案例

10.2.1　turtle 库

　　turtle 库也称海龟绘图库,对应的文件名为 turtle.py,是 Python 的一个直观有趣的图形绘制标准库。在 Python 中,标准库需要使用 import 语句导入,如果程序中需要使用 turtle.py 文

件中写好的各种函数，则需要首先导入该库文件，语句如下：

```
import turtle
```

1. turtle 空间坐标体系

turtle 库的绘图原理：将窗口划分为绝对坐标体系，一个小海龟相当于带了画笔在坐标系中爬行，其爬行轨迹形成了绘制的图形。小海龟的初始位置在窗口中心，且方向朝正右方。通过编写程序控制海龟的行动轨迹，设定轨迹的粗细以及颜色等。小海龟有"前进""后退""旋转"等爬行行为，对坐标系的探索也可通过"前进方向""后退方向""左侧方向""右侧方向"等小海龟自身角度方位来完成。刚开始绘制时，小海龟位于窗口正中央，此处坐标为(0,0)。turtle 库绘图坐标体系如图 10.1 所示。

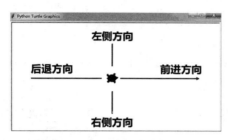

图 10.1　turtle 库绘图坐标体系

turtle 库中常用的函数及功能如下。

turtle.goto(x,y)：表示移动到窗口上的某一点（带轨迹）。turtle 库的 goto()函数是以绘图窗口中心为坐标原点，把窗口划分为 4 个象限的坐标系。如果移动过程中不想带轨迹，则可配合turtle.penup()和 turtle.pendown()这两个函数使用。

turtle.penup()：提起画笔（海龟起飞），库别名为 turtle.up()。

turtle.pendown()：落下画笔（海龟降落），库别名为 turtle.pd()。

turtle.forword(d)：前进（d 表示距离），库别名为 turtle.fd(d)。

turtle.backward(d)：后退（d 表示距离），库别名为 turtle.bk(d)。

turtle.circle（r,angle)：画一个半径为 r，角度为 angle 的圆；若半径 r ≥ 0，则代表圆心在海龟左侧；反之，在右侧。

2. turtle 角度坐标体系

turtle 角度坐标体系函数及功能如下。

turtle.seth(angle)：改变海龟的行动方向，使海龟朝向 angle，其中 angle 表示绝对角度。

turtle.left(angle)：使海龟往左转 angle 的角度，其中 angle 表示相对于海龟当前自身的角度。

turtle.right(angle)：使海龟往右转 angle 的角度，其中 angle 表示相对于海龟当前自身的角度。

3. 相关画笔函数

turtle.pensize()：设置画笔的宽度。

turtle.pencolor()：设置画笔的颜色，颜色采用 RGB（R：Red；G：Green；B：blue），也可以直接输入对应颜色"red"，若无参数，则采用当前颜色。

turtle.speed()：设置画笔的速度，从 1～10，数字越大则速度越快。

penup()和 pendown()：提起画笔、放下画笔。

【例 10.1】使用 turtle 库画太阳花。

```python
import turtle
turtle.color('red','yellow')
turtle.begin_fill()
while True:
    turtle.forward(200)
    turtle.left(170)
    if abs(turtle.pos()) < 1 :
        break
turtle.end_fill()
turtle.done()
```

代码运行结果如图 10.2 所示。

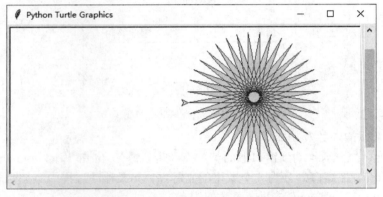

图 10.2　使用 turtle 库画太阳花的代码运行结果

以上代码使用函数 turtle.color('red', 'yellow')设置画线的颜色为红色、背景颜色为黄色；使用函数 turtle.begin_fille()和 turtle.end_fille()实现背景填充；函数 turtle.pos()可以获得小海龟的当前坐标(x,y)，而方法 abs(turtle.pos())可以获得小海龟当前距离原点的直线距离（根据勾股定理计算）。经过若干次循环之后；turtle.done()的作用是暂停程序，停止画笔绘制，但绘图窗口不关闭，直到用户关闭 Python turtle 图形化窗口为止。它的目的是给用户时间来查看图形，否则如果 Python turtle 图形化窗口会在程序完成时立即关闭。

10.2.2　random 库

random 库是用于产生并运用随机数的标准库。但 random 库生成的随机数是一种采用梅森旋转算法生成的伪随机数，不是真正的随机数，因为计算机是不能产生真正的随机数的。

random 库的案例

1. seed()函数

Python 中的随机数需要使用随机数种子来产生。一旦随机数种子确定，产生的随机序列（每一个数、每个数之间的关系）也就确定了。随机数种子函数为 random.seed(a)，默认参数 a 为当前系统时间。如果参数 a 的值固定，则随之产生的随机数也会是同一个值（简而言之就是对 random 库里面产生"随机数"的函数定了一个标准参数）；如果参数 a 的值不固定，则生成的随机数不一样。

【例 10.2】使用 random 库生成随机数。

```
import random
random.seed()
print("种子为系统当前时间，随机数 1 为：",random.random())
random.seed()
print("种子为系统当前时间，随机数 2 为：",random.random())
random.seed(10)
print("种子为 10，随机数 3 为：",random.random())
random.seed(10)
print("种子为 10，随机数 4 为：",random.random())
```

代码运行结果：

```
种子为系统当前时间，随机数 1 为： 0.5268311900759516
种子为系统当前时间，随机数 2 为： 0.353473194861734
种子为 10，随机数 3 为： 0.5714025946899135
种子为 10，随机数 4 为： 0.5714025946899135
```

random.random()函数的功能是在 random.seed()函数产生随机数种子的基础生成一个[0.0,1.0]之间的随机小数。随机数 1 和随机数 2 都是使用 random.seed()生成当前系统时间的种子，两行代码在执行时，对应的系统时间在变化，所以种子不一样，对应的随机数的值也就不一样。随机数 3 和随机数 4 都是使用 random.seed(10)生成随机数种子，种子一样，所以随机数的值也一样。

实际上不给种子也可以产生随机数。如果不给种子，则默认的种子是当前调用第一次 random()函数所对应的系统时间。那为什么要给种子呢？一般在复现或再现同样的随机数程序运行过程时，如果使用同一个种子，那么程序每次执行的结果都是相同的。

2. 拓展随机函数

还有一些随机函数由 random()函数拓展而来，其函数名称、功能描述及应用举例如表 10.1 所示。

表 10.1　拓展的随机函数

名称	功能描述	应用举例

randint(a, b)	生成一个[a,b]之间的随机整数	>>> import random
		>>> random.randint(19,100)
		28

randrange(m,n[, k])	生成一个[m, n]之间以 k 为步长的随机整数	>>>random.randrange(10,100,10) 30
uniform(a, b)	生成一个[a, b]之间的随机小数	>>> random.uniform(10,100) 72.04771982642646
choice(seq)	从序列 seq 中随机选择一个元素	>>>random.choice([1,2,3,4,5,6,7,8,9,10]) 8

shuffle(seq)	将序列 seq 中的元素随机排列，返回打乱后的序列	>>> s=[1,2,3,4,5,6,7,8,9,10]
		>>> random.shuffle(s)
		>>> s
		[8, 10, 6, 2, 3, 5, 1, 4, 9, 7]

10.2.3　time 库

time 库的案例

time 库是 Python 中处理时间的标准库，提供获取系统时间并格式化输出和精确计时功能，多用于程序的性能分析。Python 中获取时间的常用方法是，先得到时间戳，再将其转换成想要的时间格式。所谓时间戳指的是从格林威治时间 1970 年 1 月 1 日 00 分 00 秒（北京时间 1970 年 1 月 1 日 08 时 00 分 00 秒）起至现在的总秒数，是一个数字。

1. time()函数

time 库中 time()函数的功能是返回当前时间的时间戳（1970 年后经过的浮点秒数）。

【例 10.3】使用 time()函数获取当前时间。

```
import time
print("time.time(): %f"% time.time())
print(time.localtime(time.time() ))              #获取当前时间
print(time.asctime(time.localtime(time.time()) ))  #获取格式化的时间
```

代码运行结果：

```
time.time(): 1665925981.839309
time.struct_time(tm_year=2022, tm_mon=10, tm_mday=16, tm_hour=21, tm_min=13, tm_sec=1, tm_wday=6,
    tm_yday=289, tm_isdst=0)
Sun Oct 16 21:13:01 2022
```

2. localtime()函数

localtime()函数的作用是格式化时间戳为本地的时间，以结构化的(struct_time)时间元组方式表示。struct_time 元组共有 9 个元素，其各字段含义如下：

int tm_sec：秒，取值区间为[0,59]。

int tm_min：分，取值区间为[0,59]。

int tm_hour：时，取值区间为[0,23]。

int tm_mday：一个月中的日期，取值区间为[1,31]。

int tm_mon：月份（从 1 月开始，0 代表 1 月），取值区间为[0,11]。

int tm_year：年份，其值等于实际年份减去 1900。

int tm_wday：星期，取值区间为[0,6]，其中 0 代表星期一，1 代表星期二，以此类推。

int tm_yday：从每年的 1 月 1 日开始的天数，取值区间为[0,365]，其中 0 代表 1 月 1 日，1 代表 1 月 2 日，以此类推。

int tm_isdst：夏令时标识符，实行夏令时的时候，tm_isdst 为正；不实行夏令时的时候，tm_isdst 为 0；不了解情况时，tm_isdst 为负。

3. asctime()函数

asctime()函数接收时间元组并返回一个可读的形式为"Tue Dec 11 18:07:14 2008"（2008 年 12 月 11 日周二 18 时 07 分 14 秒）的 24 个字符的字符串。

4. strftime()函数

time 模块的 strftime()函数的功能为格式化日期，语法为"time.strftime(format[,t])"。

5. sleep()函数

time 模块的 sleep()函数用于推迟调用线程的运行，可通过参数指定推迟执行的秒数，也表示进程挂起的时间。

【例 10.4】 使用 strftime()函数将日期时间格式化。

```
import time
#格式化成 2016-03-20 11:45:39 形式
print(time.strftime("%Y-%m-%d %H:%M:%S", time.localtime()))
#格式化成 Sat Mar 28 22:24:24 2016 形式
print(time.strftime("%a %b %d %H:%M:%S %Y", time.localtime()))
```

代码运行结果：

```
2022-10-16 21:16:55
Sun Oct 16 21:16:55 2022
```

其中，时间日期格式化符号的含义如下：

%Y：4 位数的年份表示（000～9999）。

%m：月份（01～12）。

%d：月内中的一天（0～31）。

%H：24 小时制的小时数（0～23）。

%M：分钟数（00～59）。

%S：秒（00～59）。

%a：本地简化的星期名称。

%b：本地简化的月份名称。

%d：月内的一天（0～31）。

其他的日期格式含义请自行查阅资料掌握。

10.2.4　NumPy 库

NumPy 库的案例

NumPy（Numerical Python）是一个开源的 Python 科学计算库，机器学习算法中大部分都是调用 Numpy 库来完成基础数值计算的。NumPy 库不是标准库，而是第三方库，使用第三方库之前首先要在 Python 中安装相应的库文件，犹如在手机里安装 App。

1. 查看已安装的 Python 库文件

一般在安装第三方库之前，可以先查看是否已经安装了该库文件。查看 Python 安装了哪些库的方法：首先进入 Python 的安装路径下；然后依次打开 Lib、site-package 文件夹，Python 已安装的库就保存在该文件夹下。也可通过命令查看 Python 安装了哪些库，输入 pip list，可以看到所有库和版本。首先进入命令行，使用 cd 命令将路径转到 site-package 文件夹，然后输入 pip list 命令即可查看所有已安装的库文件和版本，如图 10.3 所示。

2. 安装方法

使用 pip install 命令，后面紧跟库名，即 pip install numpy。注意这里的库名中的字母均为小写，一般称其为 NumPy 库，但实际上对应的文件名是 numpy。安装库和查看库一样，都需要在命令行中先定位到 Python 的库文件目录，即 site-package 文件夹，安装过程如图 10.4 所示。

3. 删除已安装的 Python 库文件

要删除一个已经安装好的库文件，就如在手机里面卸载一个 App，只需要使用 pip uninstall

命令即可。例如删除刚刚安装的 NumPy 库，操作过程如图 10.5 所示。

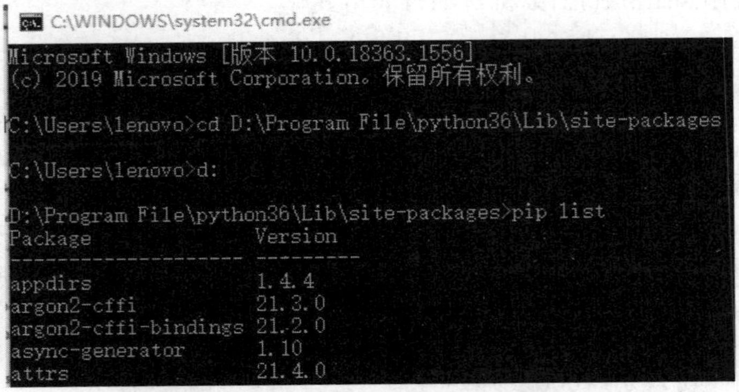

图 10.3　查看已安装的 Python 库界面

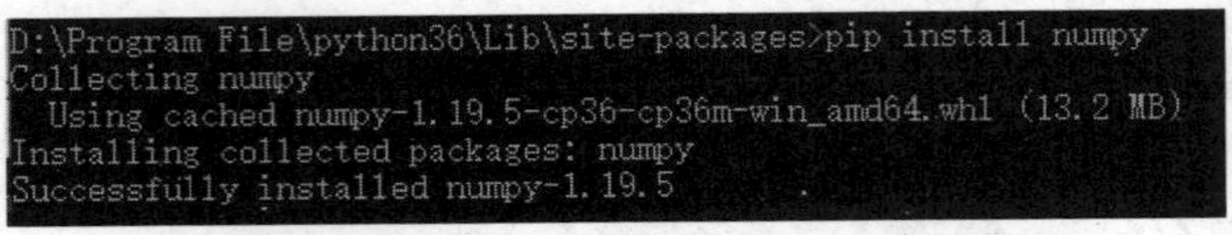

图 10.4　Python 库安装界面

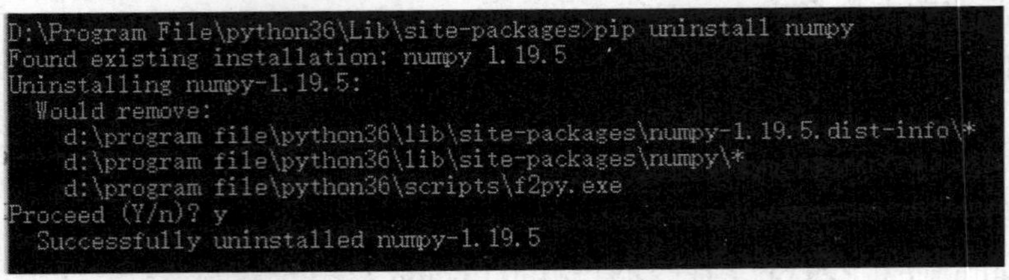

图 10.5　删除 Python 库界面

4. 导入模块

安装完 NumPy 库就可以使用了，但与使用标准库一样，在使用前需要先使用 import 语句导入 Numpy 模块。一般有以下两种方式：

```
import numpy as np    #给 numpy 取一个别名为 np，使用别名调用模块更简洁
```

或者

```
from numpy import *   #代码中无须在此写模块名，直接使用模块里面的函数更快捷
```

但在大型程序中，一般涉及多个模块，建议使用第一种导入方式，知道每个函数来自于哪个模块，更易明白程序执行的过程。

5. NumPy ndarray 对象

Python 中用列表保存一组值，可将列表作为数组使用。另外，Python 中有 array 模块，但它不支持多维数组，无论是列表还是 array 模块都没有科学运算函数，不适合做矩阵等科学计算。NumPy 没有使用 Python 本身的数组机制，而是使用了 NumPy 的 N 维数组对象 Ndarray，该对象不仅能方便地存取数组，而且拥有丰富的数组计算函数。

（1）ndarray 对象的特点。

1）ndarray 对象是用于存放同类型元素的多维数组。

2）ndarray 是一系列同类型数据的集合，以 0 下标作为开始进行集合中元素的索引。

3）ndarray 中的每个元素在内存中都有相同存储大小的区域。

（2）ndarray 对象的内部构成。ndarray 内部由以下内容组成。

1）一个指向数据（内存或内存映射文件中的一块数据）的指针。

2）数据类型（dtype），描述在数组中的固定大小值的格子。

3）一个表示数组形状（shape）的元组，表示各维度大小的元组。

4）一个跨度（stride）元组，其中的整数指的是为了前进到当前维度下一个元素需要"跨过"的字节数。跨度可以是负数，这样会使数组在内存中后向移动，如 obj[::-1] 或 obj[:,::-1]。

（3）ndarray 对象的创建。创建一个 ndarray 对象只需调用 NumPy 的 array()函数即可，注意这里是 array，前面没有字母"n"。使用 NumPy 提供的 array()函数可以创建一维或者多维数组，其语法格式如下：

```
numpy.array(object, dtype = None, copy = True, order = None, subok = False, ndmin = 0)
```

numpy.array()函数中的参数说明见表 10.2。

表 10.2　numpy.array()函数参数表

名称	描述
object	数组或嵌套的数列
dtype	数组元素的数据类型，可选
copy	对象是否需要复制，可选
order	数组的存储方式，order='C'表示按行存储；order='F'表示按列存储；order='A'表示按默认方向存储，即按行存储
subok	默认返回一个与基类类型一致的数组
ndmin	指定生成数组的最小维度

在创建数组对象即 ndarray 时，参数 object 是唯一必要的参数，其余参数均为默认的可选参数。

【例 10.5】使用 numpy.array()函数创建 ndarray 对象。

```
import numpy as np
arr1=np.array([1,2,3])                    #创建一维数组
print('一维数组：',arr1)
arr2=np.array([[1,2,3],[4,5,6]])          #创建二维数组
print('二维数组：',arr2)
arr3=np.array([1,2,3,4,5,6],ndmin=3)      #设置最小维度 3
print('三维数组：',arr3)
arr4=np.array([1,2,5.6],dtype=complex)    #指定数据类型 dtype 为复数
print('复数数组：',arr4)
```

ndarray 对象由计算机内存的连续一维部分组成，并结合索引模式，将每个元素映射到内存块中的相应位置。内存块以行顺序（C 样式）或列顺序（FORTRAN 或 MATLAB 风格，即前述的 F 样式）来保存元素。

（4）选取数组元素。创建数组后，可以选取数组中的某个数组元素，格式如下：

数组名[m,n]

其中，m 表示行下标；n 表示列下标，下标从 0 开始。

代码运行结果：

```
一维数组：[1 2 3]
二维数组：[[1 2 3]
 [4 5 6]]
三维数组：[[[1 2 3 4 5 6]]]
复数数组：[1. +0.j 2. +0.j 5.6+0.j]
```

【例 10.6】通过下标选取数组元素。

```
import numpy as np
arr1=np.array([1,2,3])              #创建一维数组
print('arr1:',arr1)
print('选取一维数组元素 arr1[2]：',arr1[2])
arr2=np.array([[1,2,3],[4,5,6]])    #创建二维数组
print('arr2:',arr2)
print('选取二维数组元素 arr2[1,2]：',arr2[1,2])
```

代码运行结果：

```
arr1: [1 2 3]
选取一维数组元素 arr1[2]：3
arr2: [[1 2 3]
 [4 5 6]]
选取二维数组元素 arr2[1,2]：6
```

6. NumPy 的数组属性

在对数组的操作中，常常需要了解数组的属性，NumPy 的数组中比较重要的 ndarray 对象的属性如下：

ndim：返回 int，表示数组的维度。

shape：数组的维度，对于矩阵为 n 行 m 列。

size：数组元素的总个数，相当于 shape 中 n*m 的值。

dtype：对象的元素类型。

itemsize：每个元素的大小，以字节为单位。

【例 10.7】获取数组属性。

```
import numpy as np
arr=np.array([[1,2,3],[4,5,6]])        #创建二维数组
print('arr:',arr)
print('数组维度：',arr.ndim)
print('数组形状：',arr.shape)
print('数组的元素总数：',arr.size)
print('数组元素的数据类型：',arr.dtype)
print('数组中每个元素的大小：',arr.itemsize)
```

代码运行结果：

```
arr: [[1 2 3]
 [4 5 6]]
数组维度：2
数组形状：(2, 3)
数组的元素总数：6
```

数组元素的数据类型：int32
数组中每个元素的大小：4

7. NumPy 的数据类型

Python 支持的数据类型有整型、浮点型和复数型，但这些数据类型不足以满足科学计算的需求，因此 NumPy 添加了很多其他的数据类型。NumPy 支持的数据类型比 Python 内置的数据类型要多很多，基本上可以和 C 语言的数据类型对应上，其中部分数据类型对应为 Python 内置的数据类型。例如，bool_表示布尔型数据类型（又称布尔值），取值为 True 或者 False；int_表示默认的整型，类似于 C 语言中的 long、int32 或 int64；float_是 float64 类型的简写；complex_是 complex128 类型的简写，即 128 位复数。NumPy 的数据类型实际上是 dtype 对象的实例，并对应唯一的字符，包括 np.bool_、np.int32、np.float32 等。在实际应用中，为了提高计算结果的准确度，需要使用不同精度的数据类型。不同数据类型所占用的内存空间也是不同的，每种数据类型的具体描述可以自行查阅资料。

8. NumPy 从数值范围创建数组

对于数值范围的数组可以使用 NumPy 库中的 arange()函数创建，该函数返回 ndarray 对象，格式如下：

```
numpy.arange(start, stop, step, dtype)
```

根据 start 与 stop 指定的范围以及 step 设定的步长，生成一个 ndarray。ARANGE()函数中各参数的含义如下：

start：起始值，默认为 0。

stop：终止值（不包含）。

step：步长，默认为 1。

dtype：返回 ndarray 的数据类型，如果没有提供，则使用输入数据的类型。

【例 10.8】 从数值范围创建数组。

```
import numpy as np
x=np.arange(10,20,2)
print(x)
```

代码运行结果：

```
[10 12 14 16 18]
```

上述代码是创建包含起始值为 10，终止值为 20（但不包含 20），步长为 2 的数组。

9. NumPy 切片和索引

ndarray 对象的内容可以通过索引或切片来访问和修改，与 Python 中 list 的切片操作一样。

ndarray 数组可以基于 0～n 的下标进行索引，切片对象可以通过内置的 slice()函数，并设置 start、stop 及 step 参数，从原数组中切割出一个新数组。

【例 10.9】 通过 slice()函数对数组进行切片和索引。

```
import numpy as np
a=np.arange(10)
s=slice(2,7,2)    #从索引2开始到索引7停止，间隔为2
print(a[s])
```

最后输出[2 4 6]，首先通过 arange()函数创建 ndarray 对象，然后分别设置 stort、stop 和 step 参数为 2、7 和 2。

除此之外，还可以通过冒号分隔切片参数 start:stop:step 来进行切片操作。冒号（:）的解释：如果只放置一个参数（如[2]），将返回与该索引相对应的单个元素；如果放置 [2:]，则表示从该索引开始以后的所有项都将被提取；如果使用了两个参数（如 [2:7]），则提取两个索引（不包括停止索引）之间的项。

【例 10.10】通过数组下标对数组切片和索引。

```
import numpy as np
a=np.arange(10)              #[0 1 2 3 4 5 6 7 8 9]
print('a:',a)
print('a[5]:',a[5])
print('a[2:]:',a[2:])
print('a[2:5]:',a[2:5])
#多维数组同样适用上述索引提取方法，从某个索引处开始切割
b=np.array([[1,2,3],[3,4,5],[4,5,6]])
print('b:',b)
print('从数组索引 b[1:] 处开始切割')
print('b[1:]',b[1:])
#切片还可以包括省略号来使选择元组的长度与数组的维度相同
#如果在行位置使用省略号，将返回包含行中元素的 ndarray
c=np.array([[1,2,3],[3,4,5],[4,5,6]])
print('c:',c)
print ('c[...,1]:',c[...,1])      #第 2 列元素
print ('c[1,...]:',c[1,...])      #第 2 行元素
print ('c[...,1:]:',c[...,1:])    #第 2 列及剩下的所有元素
```

代码运行结果：
```
a: [0 1 2 3 4 5 6 7 8 9]
a[5]: 5
a[2:]: [2 3 4 5 6 7 8 9]
a[2:5]: [2 3 4]
b: [[1 2 3]
 [3 4 5]
 [4 5 6]]
从数组索引 b[1:] 处开始切割
b[1:] [[3 4 5]
 [4 5 6]]
c: [[1 2 3]
 [3 4 5]
 [4 5 6]]
c[...,1]: [2 4 5]
c[1,...]: [3 4 5]
c[...,1:]: [[2 3]
 [4 5]
 [5 6]]
```

10. NumPy 矩阵库（Matrix）

NumPy 中包含了一个矩阵库 numpy.matlib，该模块中的函数返回的是一个矩阵，而不是 ndarray 对象。一个 *m*n 的矩阵是一个由 m 行（row）n 列（column）元素排列成的矩形

阵列。矩阵里的元素可以是数字、符号或数学式。以下是一个由 6 个数字元素构成的 2 行 3 列的矩阵：

$$\begin{bmatrix} 1 & 7 & -12 \\ 0 & 9 & -15 \end{bmatrix}$$

可以使用矩阵的 T 属性获取对应的转置矩阵。例如，有一个 m 行 n 列的矩阵，可以使用 T 属性将其转换为 n 行 m 列的新矩阵，原来的矩阵不变。

【例 10.11】求矩阵的转置矩阵。

```
import numpy as np
a=np.arange(8).reshape(2,4)
print('原矩阵：')
print(a)
print('转置矩阵：')
print(a.T)
```

代码运行结果：

```
原矩阵：
[[0 1 2 3]
 [4 5 6 7]]
转置矩阵：
[[0 4]
 [1 5]
 [2 6]
 [3 7]]
```

上述代码中，reshape()函数的功能是在不改变数据的前提下修改形状，将一维数组[0 1 2 3 4 5 6 7]修改为 2 行 4 列的二维数组，并按行优先的顺序依次展开。需要注意的是，由于篇幅有限，不可能陈述所有的知识点，关于 reshape()函数的功能以及今后在其他程序中可能会遇到的新函数可以通过自行查找资料掌握。

10.2.5 Matplotlib 库

Matplotlib 库的案例

大量研究结果表明，人类通过图形获取信息的速度比通过阅读文字获取信息的速度要快很多。将数字以可视化的形式展示出来称为数据可视化。数据可视化是指以直方图、饼状图等图形的方式展示数据，帮助用户快速识别模式。交互式可视化能够让决策者深入了解细节层次。这种展示方式的改变使用户可以查看分析背后的事实。

Matplotlib 库是机器学习中常用的 Python 绘图库，具有丰富的绘图功能，是数据可视化的好帮手，尤其在数据分析领域支持直方图、散点图、曲线图等各种图表的绘制。Matplotlib 库专门用于开发 Python 2D 图表，能够很轻松地实现数据图形化，并且提供多样化的输出格式。Matplotlib 库以渐进、交互式方式实现数据可视化，使用起来极其简单，对图像元素的控制力强，其表达式和文本使用 LaTeX 排版，可输出 PNG、SVG、PDF 和 EPS 等多种格式。

Matplotlib 库最初模仿了 MATLAB 图形命令，但其与 MATLAB 是相互独立的。Matplotlib 库不仅具有简洁性和推断性，而且还继承了 MATLAB 的交互性。数据分析师可逐条输入命令，为数据生成渐趋完整的图形表示。Matplotlib 库还整合了 LaTeX 用于表示科学表达式和符号的文本格式模型。Matplotlib 库不是一个单独的应用，而是编程语言 Python 的一个图形库，它可以通过编程来管理、组织图表的图形元素，用编程的方法生成图形。通常将 Matplotlib 与 NumPy 和 pandas 等库联合使用。

另外，通过访问 https://matplotlib.org/stable/gallery/index.html 网页，可查看网页中的上百幅缩略图，每幅缩略图均有源代码。如果需要绘制某种类型的图，只需要浏览该页面，找到相应类型的图，复制对应的源代码即可。

1. 安装方法

可使用如下命令安装 Matplotlib 库，其安装界面如图 10.6 所示。

```
pip install matplotlib -i https://pypi.tuna.tsinghua.edu.cn/simple
```

图 10.6　Matplotlib 库安装界面

2. 使用 pyplot 创建图形

matplotlib.pyplot 是一个命令型函数集合，它可以让我们像使用 MATLAB 一样使用 Matplotlib 库。pyplot 中的每一个函数都会对画布图像做出相应的改变，如创建画布、在画布中创建一个绘图区、在绘图区上画线、为图像添加文字说明等。下面我们通过实例对它进行了解，如表 10.3 和表 10.4 所示。

表 10.3　使用 pyplot 创建图形的示例代码及其运行结果-1

示例代码	代码运行结果
【例 10.12】使用 pyplot 画点直线图 import numpy as np import matplotlib.pyplot as plt plt.plot([1,2,3,4]) plt.ylabel('some numbers') plt.show()	

示例代码	代码运行结果

【例 10.13】使用 pyplot 画点折线图
 	
import numpy as np
import matplotlib.pyplot as plt
#x:[1, 2, 3, 4],y:[1, 4, 9, 16]
plt.plot([1, 2, 3, 4], [1, 4, 9, 16])
plt.show()
	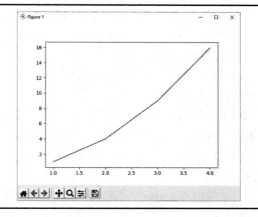

表 10.4　使用 pyplot 创建图形的示例代码及其运行结果-2

示例代码	代码运行结果
【例 10.14】使用 pyplot 画函数直线图 import numpy as np from matplotlib import pyplot as plt x=np.arange(1,11) y=2*x +5 plt.title("Matplotlib demo") plt.xlabel("x axis caption") plt.ylabel("y axis caption") plt.plot(x,y) plt.show()	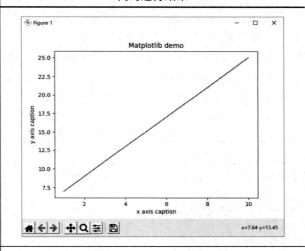

【例 10.15】使用 pyplot 画正弦曲线图
 	
import numpy as np
import matplotlib.pyplot as plt
#计算正弦曲线上点的 x 和 y 坐标
x=np.arange(0, 3 * np.pi, 0.1)
y=np.sin(x)
plt.title("sine wave form")
#使用 matplotlib 绘制点
plt.plot(x, y)
plt.show()
	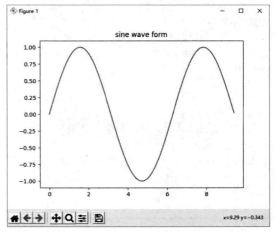

例 10.12 是通过 plt.plot([1,2,3,4])画出的像，x 轴的坐标轴范围是 0～3，y 轴的坐标轴范围是 1～4。在使用 plot()函数时，如果只给函数传递一个数值列表或数组作为参数，那么 Matplotlib 会把这个数值列表当作 y 轴的数值，然后根据 y 轴的数值个数 N 自动生成一个数值列表[0,N-1]作为 x 轴的数值。因此，例 10.12 代码运行结果中 y 轴的数值就是给定的列表[1,2,3,4]，x 轴的数值是自动生成的列表[0,1,2,3]。

例 10.13 通过 plot()函数同时传递两个图像参数作为 x 轴和 y 轴的数值，x 轴的数值是第一个列表参数[1,2,3,4]，y 轴的数值是第二个列表参数[1,4,9,16]。

例 10.14 中用 np.arange()函数创建 x 轴上的值，y 轴上的对应值存储在另一个数组对象 y 中，使用 plt.title()函数指定图表的标题，使用 plt.xlabel()和 plt.ylabel()函数分别设置 x 和 y 轴的名称，这些值使用 Matplotlib 库的 pyplot 子模块的 plot()函数绘制，最后使用 show()函数显示绘制的图形。

例 10.15 是使用 Matplotlib 库生成的正弦波图形。

3. 创建子图

在 Matplotlib 库中，可以将一个绘图对象分为几个绘图区域，在每个绘图区域中可以绘制不同的图像，这种绘图形式称为创建子图。创建子图使用 subplot()函数，其语法格式如下：

```
subplot(nrows, ncols, index)
```

其中，函数的 nrows 参数用于指定将数据图区域分成多少行；ncols 参数用于指定将数据图区域分成多少列；index 参数用于指定获取第几个区域。

subplot()函数也支持直接传入一个 3 位数的参数，其中第一位数将作为 nrows 参数；第二位数将作为 ncols 参数；第三位数将作为 index 参数。其使用方法举例见表 10.5。

表 10.5　使用 subplot 创建子图的示例代码及其运行结果

示例代码	代码运行结果

【例 10.16】使用 subplot 创建 2 行 1 列的子图
 	
``python
import numpy as np
import matplotlib.pyplot as plt
#计算正弦和余弦曲线上的点的 x 和 y 坐标
x=np.arange(0,3*np.pi,0.1)
y_sin=np.sin(x)
y_cos=np.cos(x)
#建立 subplot 网格，高为 2，宽为 1
#激活第一个 subplot
plt.subplot(2,1,1)
#绘制第一个图像
plt.plot(x,y_sin)
plt.title('Sine')
#将第二个 subplot 激活，并绘制第二个图像
plt.subplot(2,1, 2)
plt.plot(x, y_cos)
plt.title('Cosine')
#展示图像
plt.show()
``
	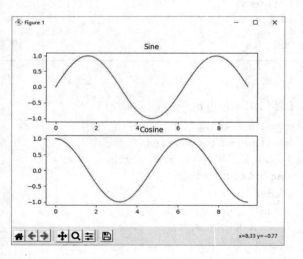

续表

示例代码	代码运行结果

【例 10.17】使用 subplot 创建 2 行 2 列的子图
import numpy as np
import matplotlib.pyplot as plt
x=np.linspace(0,10,1500)
y=np.sin(x)
z=np.cos(x)
k=x
plt.subplot(221)　#第一行的左图
plt.plot(x,y,label="sin(x)",color="red",linewidth=2)
plt.subplot(222)　#第一行的右图
plt.plot(x,z,"b--",label="cos(x)")
plt.subplot(212)　#第二整行
plt.plot(x,k,"g--",label="Sxs")
plt.legend()
#dpi 是指保存图像的分辨率，默认值为 80
plt.savefig('image.png',dpi=100)
plt.show()
	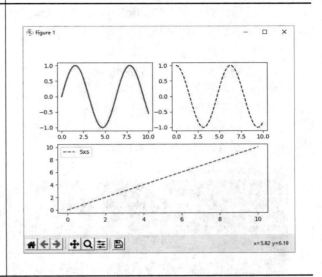

例 10.16 是将整个绘图对象分成 2 行 1 列的 2 个区域，分别画 y_sin()和 y_cos()函数图像。

例 10.17 中 NumPy 的 linspace()函数用于创建一个一维数组，数组是由一个等差数列构成的，x 的值是起始值为 0，终止值为 10，样本量为 1500 的等差数组。例 10.17 将整个绘图对象分成 2 行 2 列的 4 个区域，plt.subplot(221)表示 2 行 2 列的第 1 个区域，画 y 的函数图像，曲线名称为 sin(x)，曲线的颜色为红色，曲线的宽度为 2。plt.subplot(222)表示 2 行 2 列的第 2 个区域，画 z 的函数图像，曲线为蓝色短横线样式（b--），曲线名名为 cos(x)。plt.subplot(212)和 plt.subplot(222)表示 2 行 2 列，共 4 个子区域，按照从上到下、从左到右的顺序依次访问第 1、第 2、第 3 和第 4 个子区域。参数 221 和参数 222 表示 2 行 2 列的第 1 和第 2 个子区域，即第 1 行的 2 个子区域已经画过图像，代码 plt.subplot(212)中参数 212 的前两个数字"21"表示此时把整个区域看成 2 行 1 列，即之前的第 1 行的 2 个区域合并看成一个单元，第 2 行的 2 个区域合并看成另一个单元，参数 212 中最后的数字"2"表示激活 2 行 1 列表格中的第 2 个单元，也就是整个第 2 行，激活表示即将在整个第 2 行画图像。整个第 2 行可以看成是将之前定义的第 2 行的第 1 列和第 2 列两个单元格合并为一个单元格，在这个被激活的单元格画 k 的函数图像，曲线为绿色短横线样式（g--），曲线名称为 Sxs。plt.legend()用于指定当前图形的图例，也就是使上述代码产生效果生成图例。plt.savefig('image.png',dpi=100)表示将上述代码产生的图例保存为图片，并指定文件名为 image.png，指定图片的分辨率为 100。plt.show()表示在本机显示图表。最后运行结果表明，第 1 行画了 2 个曲线图，第 2 行画了 1 个曲线图。

10.2.6　jieba 库

jieba 库的案例

随着人工智能技术的发展，中文文本分析与处理也受到越来越多的关注。中文是紧凑连接的，词与词之间不用空格来分割，而当我们进行自然语言处理、语音识别或者进行其他的文本操作时，词汇是进行文本处理的前提，因此需要一个简单高效的工具把完整的文本分解为具体的词语，这样的操作称为"分词"。jieba 库就是这样一个对新手非常友好，能够进行分词的工具，而且还包含了一些其他的功能。jieba 库是优秀的中文分词第三方库，能够将中文文本通过分词获得单个的词语。jieba 库的分词原理：利用一个中文词库确定汉字之间的关联概率，汉字间概率大的组成词组，形成分词结果。除了分词，用户还可以添加自定义的词组。

1. jieba 库的安装

（1）使用基本命令自动安装。

pip install jieba

（2）使用清华源的镜像快速安装。

pip install jieba -i https://pypi.tuna.tsinghua.edu.cn/simple/

jieba 库安装界面如图 10.7 所示。

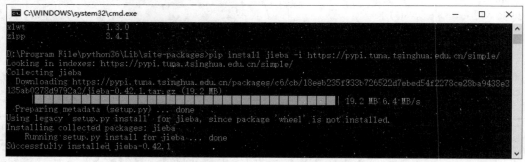

图 10.7　jieba 库安装界面

2. jieba 库的使用

jieba 分词有以下 3 种模式。

（1）精确模式：把一段文本精确地切分成若干个中文单词，若干个中文单词之间经过组合就可精确地还原为之前的文本，其中不存在冗余单词。

（2）全模式：将一段文本中所有可能的词语都扫描出来，可能有一段文本可以被切分成不同的模式，或者有不同的角度来切分使其变成不同的词语。在全模式下，jieba 库会将各种不同的组合都挖掘出来。将分词后的信息再组合起来会有冗余，不再是原来的文本。

（3）搜索引擎模式：在精确模式的基础上，对发现的那些长的词语，会对其再次切分，进而适合搜索引擎对短词语的索引和搜索，其也有冗余。

jieba 库常用的函数及其功能描述见表 10.6。

表 10.6　jieba 库常用的函数及其功能描述

函数	功能描述
jieba.cut(s)	精确模式，返回一个可迭代的数据类型
jieba.cut(s, cut_all=True)	全模式，输出文本 s 中所有可能的词语
jieba.cut_for_search(s)	搜索引擎模式，适合搜索引擎建立索引的分词结果
jieba.lcut(s)	精确模式，返回一个列表类型，建议使用
jieba.lcut(s, cut_all=True)	全模式，返回一个列表类型，建议使用
jieba.lcut_for_search(s)	搜索引擎模式，返回一个列表类型，建议使用
jieba.add_word(w)	向分词词典中添加新词 w

【例 10.18】 演示 jieba 库的 3 种分词模式。

```
import jieba
#设置日志等级，使底层日志不要打印出来
jieba.setLogLevel(jieba.logging.INFO)
s="人工智能技术是创造未来智能化社会的重要技术！"
print("精确模式：",jieba.lcut(s))
print("全模式：",jieba.lcut(s,cut_all=True))
print("搜索引擎模式：",jieba.lcut_for_search(s))
```

代码运行结果：

精确模式：['人工智能', '技术', '是', '创造', '未来', '智能化', '社会', '的', '重要', '技术', '！']

全模式：['人工', '人工智能', '智能', '技术', '是', '创造', '未来', '智能', '智能化', '社会', '的', '重要', '技术', '！']

搜索引擎模式：['人工', '智能', '人工智能', '技术', '是', '创造', '未来', '智能', '智能化', '社会', '的', '重要', '技术', '！']

修改 s 的值为"今天天气一般般，我们还是别出去了吧。"，再次运行代码，结果如下：

精确模式：['今天天气', '一般般', '，', '我们', '还是', '别出去', '了', '吧', '。']

全模式：['今天', '今天天气', '天天', '天气', '一般', '一般般', '般般', '，', '我们', '还是', '别出去', '出去', '了', '吧', '。']

搜索引擎模式：['今天', '天天', '天气', '今天天气', '一般', '般般', '一般般', '，', '我们', '还是', '出去', '别出去', '了', '吧', '。']

从运行结果可以看出，精确模式试图将句子最精确地分开，适合文本分析；全模式把句子中所有的可以成词的词语都扫描出来，速度非常快，但是不能解决歧义；搜索引擎模式在精确模式的基础上，对长词再次切分，提高召回率，适合用于搜索引擎分词。

10.2.7　wordcloud 库

wordcloud 库的案例

Python 的 wordcloud 库是非常优秀的词云可视化第三方库，词云是指对文本中出现频率较高的关键词汇通过彩色图形渲染，从而在视觉上予以突出。这既是设计与统计的结合，也是艺术与计算机科学的碰撞。可以把词云当作一个 WordCloud 对象，用于生成各种漂亮的词云图，出现频率越大的词的字体越大，对于关键词分析有重要作用。词云可视化表达了词频的高低，可以从大量文本中提取主要关键词和主题索引，使阅读者能很快领会文本的主旨。词云可视化已在教育和文化等方面得到了良好的应用。

1. wordcloud 库的安装

推荐使用镜像法安装 wordcloud 库，命令如下：

```
pip install -i https://pypi.tuna.tsinghua.edu.cn/simple wordcloud
```

语句 import wordcloud 可实现 wordcloud 库的引入。

2. WordCloud 类解析

WordCloud 类是 wordcloud 库中最重要的类，使用 wordcloud.WordCloud(参数)方法可以创建 WordCloud 对象（注意字母大小写）。

（1）WordCloud 类的常用参数及含义如下。

font_path：string，字体路径，需要展现什么字体就写上该字体路径+扩展名，如 font_path = '黑体.ttf'。

width：int (default=400)，输出的画布宽度，默认为 400 像素。

height：int (default=200)，输出的画布高度，默认为 200 像素。

prefer_horizontal：float (default=0.90)，词语水平方向排版出现的频率，默认为 0.9（所以

词语垂直方向排版出现的频率为 0.1）。

mask：nd-array or None (default=None)，如果参数为空，则使用二维遮罩绘制词云。如果 mask 非空，则设置的宽高值将被忽略，遮罩形状被 mask 取代。全白（#FFFFFF）的部分将不会绘制，其余部分会用于绘制词云。例如，bg_pic = imread('读取一张图片.png')，背景图片的画布一定要设置为白色（#FFFFFF），然后显示的形状为除白色外的其他颜色。

scale：float (default=1)，按照比例放大画布，如设置为 1.5，则长和宽都是原来画布的 1.5 倍。

min_font_size：int (default=4)，显示的最小的字体大小。

font_step：int (default=1)，字体步长，如果步长大于 1，则会加快运算，但是可能导致结果出现较大的误差。

max_words：number (default=200)，要显示的词的最大个数。

stopwords：set of strings or None，设置需要屏蔽的词，如果为空，则使用内置的 stopwords，默认值为 None。

background_color：color value (default="black")，背景颜色，如 background_color='white'，背景颜色为白色。

max_font_size：int or None (default=None)，显示的最大字体的大小。

mode：string (default="RGB")，模式，当参数为 RGBA，并且 background_color 不为空时，背景为透明，默认值为 RGB。

relative_scaling：float (default=.5)，词频和字体大小的关联性，默认值为 0.5。

color_func：callable、default=None，生成新颜色的函数，如果为空，则使用 self.color_func。

collocations：bool、default=True，是否包括两个词的搭配。

colormap：string or matplotlib colormap、default="viridis"，给每个单词随机分配颜色，若指定 color_func，则忽略该方法，默认值为 None。

（2）WordCloud 类提供了生成词云等方法，其常用方法如下。

fit_words(frequencies)：根据词频生成词云。

generate(text)：根据文本生成词云。

generate_from_frequencies(frequencies[, ...])：根据多个词频生成词云。

generate_from_text(tex,[,...])：根据多文本生成词云。

process_text(text)：将长文本分词并去除屏蔽词。

recolor([random_state, color_func, colormap])：对现有输出重新着色，这比重新生成整个词云快很多。

to_array()：转化为 NumPy 数组。

to_file(filename)：输出到文件。

【例 10.19】使用 wordcloud 库的代码示例。

```
import wordcloud
import jieba
jieba.setLogLevel(jieba.logging.INFO)
txt="中国、美国、日本、欧盟等主要经济体都不约而同将人工智能视为引领未来的战略技术，"\
    "是新一轮产业变革的核心驱动力。特别是随着数字经济等新兴产业蓬勃发展，将推动互联网、"\
    "大数据、人工智能和实体经济深度融合。毫无疑问，人工智能作为一种全新的技术形式，为"\
```

　　"平台经济赋能、提高资源配置效率，畅通要素流通渠道具有重要意义，也将会对人类社会产生深远的影响。"

```
w=wordcloud.WordCloud(background_color="yellow",font_path="msyh.ttc",height=300,width=600)
w.generate(" ".join(jieba.lcut(txt)))
w.to_file("中文文本.png")
```

代码运行结果如图 10.8 所示。

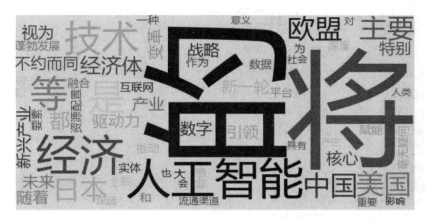

图 10.8　使用 wordclound 库生成词云的代码运行结果

10.2.8　PIL 库

PIL 库的案例

　　PIL 库也是 Python 的一个第三方库，主要用于图像处理，在计算机视觉领域的研究中使用较多。PIL 的全称是 Python Image Library，简称 Python 图像库，可用于图片剪切、粘贴、缩放、镜像、水印、颜色块、滤镜、图像格式转换、色场空间转换、验证码、旋转图像、图像增强、直方图处理、插值和滤波等，不过只支持到 Python 2.7 版本。Pillow 库是 PIL 库的一个派生分支，但如今已经发展成为比 PIL 库本身更具活力的图像处理库。因此，目前想使用 PIL 库，可直接安装 Pillow 库。

　　1．PIL 库的用途

　　PIL 库的具体用途有以下 3 个。

　　（1）图像归档（Image Archives）。PIL 库非常适合用于图像归档以及图像的批处理任务。可以使用 PIL 库创建缩略图、转换图像格式、打印图像等。

　　（2）图像展示（Image Display）。PIL 库较新的版本支持包括 Tk PhotoImage、BitmapImage、Windows DIB 等接口。PIL 库支持众多的 GUI 框架接口，可以用于图像展示。

　　（3）图像处理（Image Processing）。PIL 库包括了基础的图像处理函数，包括对点的处理，使用众多的卷积核（Convolution Kernels）做过滤（Filter），还有颜色空间的转换。PIL 库同样支持图像的大小转换、图像旋转以及任意的仿射变换。PIL 库中还有一些直方图的方法，用以展示图像的统计特性，如图像的自动对比度增强、全局的统计分析等。

　　2．PIL 库的安装

　　可以使用命令 pip install Pillow 安装 Pillow 库，以达到使用 PIL 库的目的。Pillow 库也可能是默认安装好了的，安装之前可以通过命令 pip list 查看是否已经安装。需要注意的是，安装库的名称为 Pillow，它是在 PIL 库的基础上创建的兼容版本，支持 Python 3.x。

3．PIL 库的使用

导入 PIL 库用语句 import PIL，而不是 import pillow 或 import Pillow 语句。在 Pillow 库中，除了有 20 多个模块，还支持非常多的插件。调试程序时，需根据图像路径调整代码。根据功能的不同，PIL 库包括多个与图像处理相关的模块，其中最常用的是 Image 模块中同名的 Image 类，其他很多模块都是在 Image 模块的基础上对图像做进一步的特殊处理。常用的 PIL 模块如下。

（1）Image。Image 模块是 PIL 库中的核心模块，也是最常用的模块，它有一个与模块名称相同的 Image 类。一个 Image 类实例对象就对应了一幅图像，可以使用多种方式初始化 Image 类对象，如从文件中加载一张图像，处理其他形式的图像，或者是从头创造一幅图像等。Image 类提供了很多有用的方法，常用的方法如下：

```
open(filename,mode)    #打开一张图像
```

【例 10.20】打开文件名为 lena.jpg 的图片。

```
from PIL import Image
img=Image.open("lena.jpg")
img.show()
```

代码运行结果如图 10.9 所示，打开了 lena.jpg 图片文件。

图 10.9　lena.jpg 图片的原图

其中，open()函数的功能是打开一幅图片，open(fp, mode='r')是 Image 模块中的函数，mode 默认为 r，也必须为 r。如果图片与当前代码在同一目录下，则可以只写图片的文件名，其他情况需要拼接图片的路径。需要注意的是，在使用相对路径打开图片文件时，如果使用的是 VSCode 集成开发环境，则要保证当前运行的程序所在的文件夹是被 VSCode 集成开发环境直接打开的，这样程序才会从当前被运行的程序所在的文件出发寻找相对路径的图片文件。其中 show()方法的功能是展示图片，即调用图片显示软件打开图片，打开后程序会阻塞，需要手动关闭。

【例 10.21】创建一幅新图片。

```
from PIL import Image
img=Image.new('RGB',(160,90),(0,0,255))
img.show()
```

代码运行结果如图 10.10 所示，创建并打开一副新图片。

图 10.10 使用 Image 模块创建的新图片

其中，new()方法的功能是创建一幅图片（画布）用于绘图。方法原型为 new(mode, size, color=0)，是 Image 模块中的函数，有以下 3 个参数。

mode 表示图片的模式，如 RGB 是三原色的缩写，表示真彩图像；L（灰度）表示黑白图像等。

size 表示图片的尺寸，是一个长度为 2 的元组，格式为(width, height)，表示像素大小。

color 表示图片的颜色，默认值为 0，表示黑色，可以传入长度为 3 的元组表示颜色，也可以传入颜色的十六进制。在 Pillow 1.1.4 版本后，还可以直接传入颜色的英文单词，如上面代码中的(0, 0, 255)可以换成#0000FF 或 blue，都表示蓝色。

（2）ImageFilter。在图像处理中，经常需要对图像进行平滑、锐化、边界增强等过滤处理。在 PIL 库中，ImageFilter 模块包含一组预设的过滤器集合，通过 Image 类中的 filter()方法可调用过滤器对图像进行过滤。使用方法如下：

```
Image.filter(预定义名称)
```

其各预定义名称来自 ImageFilte 类的属性，预定义名称及对应的描述见表 10.7。

表 10.7 ImageFilte 类的预定义名称及描述表

预定义名称	描述
ImageFilter.BLUR	图像的模糊效果
ImageFilter.CONTOUR	图像的轮廓效果
ImageFilter.DETAIL	图像的细节效果
ImageFilter.EDGE_ENHANCE	图像的边界加强效果
ImageFilter.EDGE_ENHANCE_MORE	图像的阈值边界加强效果
ImageFilter.EMBOSS	图像的浮雕效果
ImageFilter.FIND_EDGES	图像的边界效果
ImageFilter.SMOOTH	图像的平滑效果
ImageFilter.SMOOTH_MORE	图像的阈值平滑效果
ImageFilter.SHARPEN	图像的锐化效果

【例 10.22】获取文件名为 lena.jpg 的图片轮廓。

```
from PIL import Image,ImageFilter          #导入 PIL 库和 Image、ImageFilter 模块
img=Image.open("lena.jpg")                 #打开图片文件
imgNew=img.filter(ImageFilter.CONTOUR)     #使用轮廓过滤器
imgNew.show()                              #显示图像
```

代码运行结果如图 10.11 所示，显示 lena.jpg 图片的轮廓效果。

图 10.11 lena.jpg 的图片轮廓效果

（3）ImageEnhance。Python 中 PIL 模块中有一个叫作 ImageEnhance 的类，该类专门用于图像的增强处理，不仅可以增强（或减弱）图像的亮度、对比度、色度，还可以用于增强图像的锐度。具体方法及描述见表 10.8。

表 10.8 ImageEnhance 类方法及其描述

方法	描述
ImageEnhance.enhance(factor)	对选择属性的数值增强 factor 倍
ImageEnhance.Color(img)	调整图像的颜色度
ImageEnhance.Contrast(img)	调整图像的对比度
ImageEnhance.Brightness(img)	调整图像的亮度
ImageEnhance.Sharpness(img)	调整图像的锐度

【例 10.23】改变文件名为 lena.jpg 的图片清晰度。

```
from PIL import Image,ImageEnhance       #导入 PIL 库和 Image、ImageEnhance 模块
img=Image.open("lena.jpg")              #打开图片文件
enhancer=ImageEnhance.Sharpness(img)    #使用锐度增强图像功能
enhancer.enhance(0.1).show()            #显示增强 0.1 倍的效果
enhancer.enhance(4.0).show()            #显示增强 4.0 倍的效果
```

代码运行结果如图 10.12 所示，图 10.12（a）为增强 0.1 倍的效果，图 10.12（b）为增强 4.0 倍的效果。

（a）增强 0.1 倍

（b）增强 4.0 倍

图 10.12 lena.jpg 的图片增强效果

10.3 项 目 分 解

任务 1：实例讲解画一棵樱花树

使用标准库 turtle、random 和 time 完成属于自己的樱花树效果代码的编写。

【任务代码 01】编写程序画一棵随机形状的樱花树。

```
#画一棵樱花树
import turtle
import random
from turtle import *
#sleep 函数可以让程序休眠（推迟调用线程的运行）
from time import sleep
#画樱花树的树干(60,t)
def tree(branchLen,t):
    sleep(0.0005)
    if branchLen >3:
        if 8 <=branchLen <=12:
            if random.randint(0,2)==0:
                t.color('snow')            #白
            else:
                t.color('lightcoral')      #淡珊瑚色
            t.pensize(branchLen /3)
        elif branchLen < 8:
            if random.randint(0,1)==0:
                t.color('snow')
            else:
                t.color('lightcoral')
            t.pensize(branchLen /2)
        else:
            t.color('sienna')              #赭色
            t.pensize(branchLen /10)
        t.forward(branchLen)
        a=1.5*random.random()
        t.right(20*a)
        b=1.5*random.random()
        tree(branchLen-10*b,t)
        t.left(40*a)
        tree(branchLen-10*b,t)
        t.right(20*a)
        t.up()
        t.backward(branchLen)
        t.down()

#画掉落的花瓣
def petal(m,t):
    for i in range(m):
```

```
            a=200-400*random.random()
            b=10-20*random.random()
            t.up()
            t.forward(b)
            t.left(90)
            t.forward(a)
            t.down()
            t.color("lightcoral")            #淡珊瑚色
            t.circle（1）
            t.up()
            t.backward(a)
            t.right(90)
            t.backward(b)
def main():
        #绘图区域
        t=turtle.Turtle()
        #画布大小
        w=turtle.Screen()
        t.hideturtle()                        #隐藏画笔
        getscreen().tracer(5,0)
        w.screensize(bg='wheat') #wheat 小麦
        t.left(90)
        t.up()
        t.backward(150)
        t.down()
        t.color('sienna')
        #画樱花树的树干
        tree(60,t)
        #掉落的花瓣
        petal(200,t)
        w.exitonclick()
main()
```

代码的两次运行结果如图 10.13 所示。

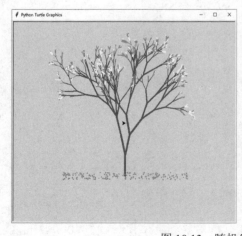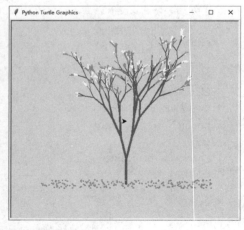

图 10.13　随机生成的两棵樱花树

上述任务代码中，通过 random.randint()生成的随机数决定画笔的颜色，通过 random. random()生成的随机数决定樱花树干和花瓣的形状，所以代码每次运行结果对应的樱花树的形状是不一样的。

任务 2：实例讲解矩阵的乘法运算

实例讲解矩阵的乘法运算

使用第三方库 NumPy 完成二维矩阵的星乘及点乘运算。

【任务代码 02】编写程序求两个二维矩阵的星乘及点乘运算结果。

```
import numpy as np
n1=np.array([[1,2,3],[4,5,6],[7,8,9]])
n2=np.array([[2,3,4],[5,6,7],[8,9,10]])
print("n1=\n",n1)
print("n2=\n",n2)
print("n1*n2=\n",n1*n2)
print("n1.dot(n2)=\n",n1.dot(n2))
print("np.dot(n1,n2)=\n",np.dot(n1,n2))
```

代码运行结果：

```
n1=
 [[1 2 3]
 [4 5 6]
 [7 8 9]]
n2=
 [[ 2  3  4]
 [ 5  6  7]
 [ 8  9 10]]
n1*n2=
 [[ 2  6 12]
 [20 30 42]
 [56 72 90]]
n1.dot(n2)=
 [[ 36  42  48]
 [ 81  96 111]
 [126 150 174]]
np.dot(n1,n2)=
 [[ 36  42  48]
 [ 81  96 111]
 [126 150 174]]
```

上述任务代码中，n1*n2 表示两个矩阵的星乘运算，其计算规则是矩阵内各对应位置相乘；n1.dot(n2)表示线性代数中的矩阵点乘运算，其运算规则为左边矩阵的行的每一个元素与右边矩阵的列的对应元素一一相乘，然后相加形成新矩阵中的 aij 元素，i 是左边矩阵的第 i 行，j 是右边矩阵的第 j 列；np.dot(n1,n2)也表示两个矩阵的点乘运算，其运算结果与 n1.dot(n2)结果相同。

任务 3：实例讲解绘制基本图表

实例讲解绘制基本图表

使用第三方库 Matplotlib 完成数据可视化的基本图表绘制。将数据进行可视化能够更加直观地呈现数据的规律和不同类型的数据对比情况。能呈现数据规律的基本图表有很多，本任务主要完成常见的柱状图以及饼图的绘制。

【任务代码 03】 编写程序完成数据可视化的柱状图以及饼图的绘制。

```
import matplotlib.pyplot as plt
plt.rcParams['font.sans-serif']=['Microsoft YaHei']
plt.rcParams['axes.unicode_minus']=False
x = ['上海','成都','重庆','深圳','北京','长沙','南京','青岛']
y = [60,45,49,36,42,67,40,50]
plt.bar(x, y, width=0.5, color='c')                                    #柱状图
plt.show()
plt.pie(y,labels=x,labeldistance=1.1,autopct='%.2f%%', pctdistance=1.5)     #饼图
plt.show()
```

代码运行结果如图 10.14 所示。

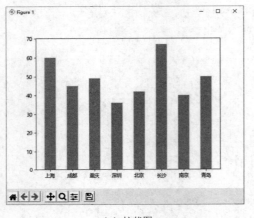

（a）柱状图

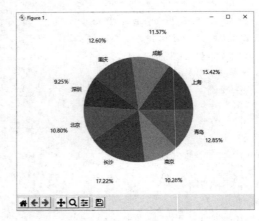

（b）饼图

图 10.14 数据可视化的柱状图及饼图

上述任务代码中，plt.rcParams['font.sans-serif']=['Microsoft YaHei']表示运行配置参数中的字体（font）为微软雅黑（Microsoft YaHei）。plt.rcParams['axes.unicode_minus'] = False 表示运行配置参数中的轴（axes）正常显示正负号（minus）。因为 matplotlib.pyplot 库内的配置（configuration）是固定好的，所以一般情况下直接使用即可，但有时用户想要修改其配置参数来满足特殊的画图需求，可用 "plt.rcParams['配置参数']=[修改值]" 进行修改（因为第一行代码为 import matplotlib.pyplot as plt），rcParams 即 run configuration parameters 运行配置参数。plt.bar(x, y, width=0.5, color='c')表示画柱状图（也称条形图），其参数 x 表示横坐标，y 表示纵坐标，width=0.5 表示条形图的宽度为 0.5，color='c'表示条形图的颜色为青色（cyan）。

plt.pie(y,labels=x,labeldistance=1.1,autopct='%.2f%%', pctdistance=1.5)表示画饼图，其参数 y 表示（每一块）饼图的比例，如果所有的 y 相加之和大于 1，则进行归一化处理；labels=x 表示（每一块）饼图外侧显示的说明文字来自于 x 列表，该参数一般用于设置饼图各部分的标签；labeldistance=1.1 表示 label 标记的绘制位置，相对于半径的比例为 1.1 倍，该参数一般用于设置标签文本距圆心的位置，数字表示多少倍半径；autopct='%.2f%%'用于控制饼图内百分比的设置，小数点后保留 2 位有效数字；pctdistance=1.5 用于指定圆内文本（此例中为百分比文本）

距离圆心的距离为 1.5 倍半径。

任务 4：《三国演义》人物出场统计

《三国演义》人物
出场统计

使用优秀的中文第三方库 jieba 对"三国演义.txt"文件中的中文文本进行分词，然后对获得的单个词语进行筛选，统计《三国演义》中人物的出场次数，最后对数据进行排序，输出出场次数排名前 20 的人物姓名。

【任务代码 04】 编写程序完成《三国演义》中出场次数排名前 20 的人物姓名。

```
import jieba
txt=open("三国演义.txt","r", encoding="utf-8").read()
words=jieba.lcut(txt)
counts={}
for word in words:
    if len(word)==1:
        continue
    else:
        counts[word]=counts.get(word,0)+1
items=list(counts.items())
items.sort(key=lambda x:x[1],reverse=True)
for i in range(20):
    word,count=items[i]
    print("{0:<3}{1:<10}{2:>5}".format(i+1,word,count))
```

代码运行结果：

```
1    曹操        953
2    孔明        836
3    将军        772
4    却说        656
5    玄德        585
6    关公        510
7    丞相        491
8    二人        469
9    不可        440
10   荆州        425
11   玄德曰      390
12   孔明曰      390
13   不能        384
14   如此        378
15   张飞        358
16   商议        344
17   如何        338
18   主公        331
19   军士        317
20   吕布        300
```

运行结果显示，程序找出了 20 个人物姓名，大部分都是正确的。但由于没有去除无意义的词语，所以分词之后的"却说""二人""不可""不能""如此"等词语也作为人物姓名显示了，如果需要去除不是姓名的词语，可以查阅资料尝试修改代码，此处不展开讲解。

上述任务代码中，words=jieba.lcut(txt)表示将读取到的文本采用 jieba 库的精确模式（输出的分词完整且不冗余）进行分词，将返回的结果赋值给 words，words 是一个列表；len(word)表示单词的长度，如果其值为 1，则表示单个汉字，单个汉字直接排除；counts[word]=counts.get(word,0)+1 的功能是统计分词出现的次数，Python 字典的 get(key[, value]) 函数返回指定键的值，第一个参数 key 表示字典中要查找的键，第二个参数 value 是可选的，如果指定键的值不存在，则返回该默认值；items.sort(key=lambda x:x[1],reverse=True)表示按照分词出现的次数进行降序排序，Python 列表的 sort(key, reverse)函数用于对原列表进行排序，参数 key 指明用来进行比较的元素，本任务中 key 参数的值为 lambda x:x[1]，因为列表中每一项的下标为 0 的元素是中文单词，下标为 1 的元素是该中文单词对应出现的次数，故本任务中 lambda 表达式用当前项 x 所对应的下标为 1 的值，即 x[1]作为返回值，也就是将出现的次数作为排序时比较的元素，reverse 参数指明排序规则，reverse=True 表示降序，reverse=False 表示升序（默认）。

《三国演义》人物
出场词云图

任务 5：《三国演义》人物出场词云图

在任务 4 分词及词频统计的基础上，使用优秀的词云可视化第三方库 wordcloud 根据"三国演义.txt"文件中的出场次数排名前 20 的人物姓名生成人物出场词云图，出场次数最多的人物姓名对应的字体最大。使用 Python 第三方图像处理库 PIL 完成词云图的背景图片设定，从而实现自定义样式的词云图。

【任务代码 05】编写程序根据《三国演义》中出场次数排名前 20 的人物姓名生成自定义样式的词云图。

```python
from wordcloud import WordCloud
import matplotlib.pyplot as plt
import jieba
import numpy as np
from PIL import Image
def gettxt():
    txt=open("三国演义.txt","r",encoding="utf-8").read()
    words=jieba.lcut(txt)
    counts={}
    excludes=("将军","二人","一人","却说","荆州","不可","不能","如此","如何",\
              "军士","左右","军马","商议","大喜")    #将没意义的词语去掉
    for word in words:
        if len(word)==1:
            continue
        #把意义相同的词语归一化处理
        elif word=="诸葛亮" or word=="孔明曰":
            rword="孔明"
        elif word=='关公' or word=='云长':
            rword ='关羽'
        elif word =='玄德' or word =='玄德曰':
            rword ='刘备'
        elif word =='孟德' or word =='丞相" or word =='曹躁':
            rword ='曹操'
```

```
        else:
            rword = word
        counts[rword]=counts.get(rword,0)+1
    for word in excludes:              #删除之前所规定的词语
        del(counts[word])
    items = list(counts.items())
    items.sort(key=lambda x:x[1],reverse =True)
    wordlist=list()
    for i in range(20):
        word,count = items[i]
        print("{0:<10}{1:<5}".format(word,count))        #输出前 20 个词频的词语
        wordlist.append(word)    #把词语 word 放进一个列表
    a=' '.join(wordlist)               #把列表 wordlist 转换成 str 类型，以空格作为拼接符
    return a
names=gettxt()                         #调用函数获取 str
cloud_mask=np.array(Image.open("love.png"))            #词频背景图
wc=WordCloud( #创建 WordCloud 对象
    background_color="black",    #背景颜色
    mask = cloud_mask,           #背景图 cloud_mask
    width=1600,                  #设置宽度
    height=1200,                 #设置高度
    max_words=200,               #最大词数
    font_path="msyh.ttc",        #设置字体
    max_font_size=1000,          #最大字体号
    )
myword=wc.generate(names)        #用 wl 的词语生成词云
#展示词云图
plt.imshow(myword)
plt.axis("off")
plt.show()
wc.to_file('人物出场.jpg')         #把词云保存到当前目录
```

代码运行结果如图 10.15 所示。

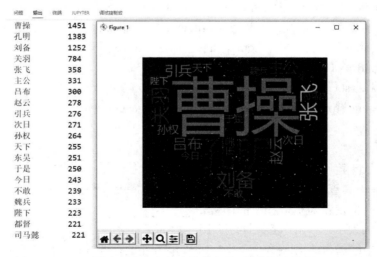

图 10.15　《三国演义》中出场次数排名前 20 的人物姓名及词云图

运行结果显示人物姓名及出现的频次，相较于任务 4，本次任务查找人物姓名的准确率有了很大的提升，这是因为代码中使用了 excludes 元组存储无意义的词语，并且将这类词语删除。但最后结果还是出现了"次日""天下""今日""不敢"等词语，是因为 excludes 中没有这些词语，如果需要去除，可以进一步尝试修改代码。

上述任务代码中，为更加准确展示人物出场情况，把意义相同的人物所对应的不同词语归一化，用指定的同一词语替代；将没有意义的明显不是人物姓名的词语去除。通过给定的图片 love.png 定义词云的背景图，生成自定义样式，即心型的词云图。

10.4 项 目 总 结

本项目首先介绍了标准库及第三方库的概念；其次介绍了常用的标准库 turtle、random 和 time 的使用方法；然后介绍了第三方库 NumPy、Matplotlib、jieba、wordcloud 和 PIL 的安装和使用方法；最后通过 5 个任务的上机实践使读者熟练掌握 Python 标准库及第三方库的使用方法。值得注意的是，使用 Python 的库能够大大简化编程，但是 Python 的库非常多，将所有库的使用都记下来不现实。因此，建议在某一个领域深入学习，对不了解的库主动查阅资料、编写代码，在实践中加深理解。

10.5 习   题

一、选择题

1. 表示小海龟前进的方法是（   ）。
   A．turtle.penup()　　　　　　　　　　B．turtle.pendown()
   C．turtle.forword(d)　　　　　　　　　D．turtle.backward(d)
2. 下列选项中，修改 turtle 画笔颜色的函数是（   ）。
   A．pencolor()　　　　B．speed()　　　　C．pensize()　　　D．seth()
3. 设置下列（   ）属性，可以使 wordcloud 支持中文。
   A．font_step　　　　B．font_path　　　　C．mode　　　　D．font
4. WordCloud 类中能根据文本生成词云的方法是（   ）。
   A．fit_words()　　　　　　　　　　　　B．process_text()
   C．generate_from_frequencies()　　　　D．generate()

二、填空题

1. Python 安装第三方库常用的是_____工具。
2. 使用 pip 工具查看当前已安装的 Python 第三方库的完整命令是_____。
3. random 库中设置随机数种子的函数是_____。
4. time 库中使用_____函数推迟调用线程的运行。
5. NumPy 中的 N 维数组对象_____不仅能方便地存取数组，而且拥有丰富的数组计算函数。

6．Matplotlib 库具有丰富的绘图功能，是_____的好帮手。

7．_____库是优秀的中文分词第三方库，能够使中文文本通过分词获得单个词语。

8．_____库是优秀的词云可视化第三方库，词云是指对文本中出现频率较高的关键词汇进行彩色图形渲染，从而在视觉上予以突出。

9．PIL 的全称是_____，简称 Python 图像库，主要用于图像处理，在计算机视觉领域的研究中使用较多。

三、编程题

1．编写程序绘制平行四边形，并填充颜色为黄色，效果如图 10.16 所示。

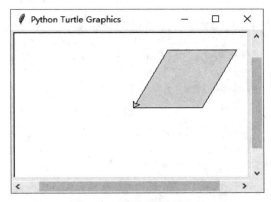

图 10.16　绘制平行四边形

2．利用 NumPy 模块和 matplotlib.pyplot 工具包编写程序绘制 $y=\sin(2\pi x)$ 及 $y=\cos(2\pi x)$ 的函数曲线图，效果如图 10.17 所示。

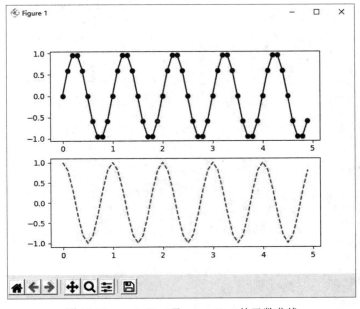

图 10.17　$y=\sin(2\pi x)$ 及 $y=\cos(2\pi x)$ 的函数曲线

3. 编写程序，给素材文件夹中的图片文件"故宫.jpg"加上浮雕效果，如图 10.18 所示。

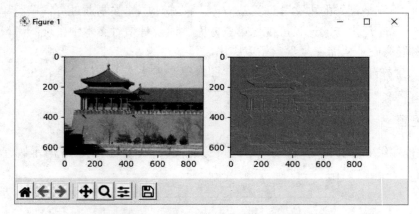

图 10.18 "故宫.jpg"的原图及浮雕效果

项目 11　图形用户界面编程

学习目标

- 理解标准库 tkinter。
- 理解和掌握标准库 tkinter GUI 的布局管理。
- 理解和掌握标准库 tkinter 的常用组件。
- 理解和掌握标准库 tkinter 的事件处理。

育人目标

- 培养学生要在技术上一丝不苟，掌握其本质和原理，丢弃浮躁心理。
- 培养学生的综合素质和职业道德，吃苦耐劳、爱岗敬业、团结合作。
- 培养学生开发图形用户界面（GUI）的能力，使学生具有模块化编程的能力。
- 培养学生运用所学的技术解决社会需求的能力。

11.1　项目引导

用户使用图形界面可以方便地通过按钮及文本框等图形化元素实现与程序的信息交互。为了提升用户交互体验，Python 提供了开发图形用户界面（Graphical User Interface，GUI）应用程序的功能。Python 支持多种图形用户界面的第三方库，包括 Tk、wxWidgets、Qt、GTK等。Python 自带的库是支持 Tk 的 tkinter，无须安装任何包就可以直接使用 tkinter 库。

本项目主要理解和掌握标准库 tkinter 的操作，掌握 tkinter 库所包含的 Label、Button、Entry、Text、Checkbutton、Radiobutton 等常用组件的功能，能够熟练进行常用组件的属性设置和方法调用，理解和掌握布局管理和事件管理。

11.2　技术准备

11.2.1　tkinter 概述

tkinter 和常用组件 1

tkinter 库中最基本的一个类是 Tk 类。每个应用程序必须要有一个 Tk 类的实例，该实例表示应用程序，同时也表示应用程序的根窗口，这种窗口也称为"顶层窗口"。

使用 tkinter 库创建 GUI 应用程序主要包括以下 4 个基本步骤。

（1）导入 tkinter 模块。

（2）创建主窗口，如果未创建主窗口，则 tkinter 将以默认的顶层窗口作为主窗口。

（3）将标签、按钮、文本框等组件对象添加到主窗口。

（4）程序进入事件循环，等待用户操作触发每个组件的事件，并作出相应的响应。

tkinter 库所包含的常用组件及功能见表 11.1。

表 11.1　tkinter 库所包含的常用组件及其功能

组件名称	组件功能
标签（Label）	描述其他组件
输入框（Entry）	显示和输入简单的单行比例
文本框（Text）	显示和输入多行比例
按钮（Button）	单击执行相关操作的组件
单选按钮（Radiobutton）	从一组选项中选择一个选项
复选框（Checkbutton）	从一组选项中选择多个选项
列表框（Listbox）	从一个多行文本框中选择一个或多个项
组合框（Combobox）	组合了文本框和下拉列表的复合组件
菜单（Menu）	包含各种按照主题分组的基本命令

11.2.2　创建窗口

1.　创建一个窗口

导入 tkinter 模块的方法如下：

```
import tkinter
```

或

```
from tkinter import *
```

也可以通过以下方法导入 tkinter 模块，初始化并指向 tk 这个类变量。

```
import tkinter as tk
```

【例 11.1】创建一个窗口。

```
#example11-1.py
import tkinter as tk                #导入 tkinter 模块
win = tk.Tk()                       #创建主窗口
win.mainloop()                      #程序进入事件循环
```

代码运行结果如图 11.1 所示。

图 11.1　创建一个窗口

2. 设置窗口标题

为例 11.1 中创建的窗口设置标题，代码如下：

```
win.wm_title("窗口大小固定")
```

3. 设置窗口大小

为例 11.1 中创建的窗口设置大小，代码如下：

```
win.minsize(width=300, height=100)
win.maxsize(width=300, height=200)
```

也可以设置为不能调整窗口的高度和宽度，代码如下：

```
win.resizable(width=False, height=False)
```

【例 11.2】设置窗口标题和窗口大小。

```
#example11-2.py
import tkinter as tk
win = tk.Tk()
win.wm_title("窗口大小固定")
win.minsize(width=300, height=100)
win.maxsize(width=300, height=200)
win.resizable(width=False, height=False)
win.mainloop()
```

代码运行结果如图 11.2 所示。

图 11.2　设置窗口标题和窗口大小

11.2.3　标签（Label）组件

Label 是创建标签的组件，可以显示不可修改的文本或图片，一般用于界面各项功能的提示。Label 组件常用属性见表 11.2。tkinter 库中的大多数组件和 Label 组件的很多常用属性都是相同的。

表 11.2　Label 组件常用属性

属性	描述
text	设置组件显示的文本
bg	设置组件的背景色
fg	设置组件的前景色

续表

属性	描述
width	设置组件的宽度
height	设置组件的高度
padx 和 pady	设置组件内的预留空白宽度
anchor	设置文本的位置，包括 N、S、W、E、NW、SW、NE、SE 和 CENTER，默认取值为 CENTER，表示居中放置；W 和 NW 表示西边和西北角（左西右东、上北下南），其他类似
justify	设置文本对齐方式，包含 CENTER（居中对齐，默认值）、LEFT（左对齐）和 RIGHT（右对齐）
font	设置字体、字体大小和字形
image	指定图片

【例 11.3】创建 Label 组件。

```
#example11-3.py
#-*- coding: utf-8 -*-
from tkinter import *
app = Tk()
text = "万丈高楼平地起，勿在浮沙筑高台。"
label=Label(text=text,width=50, height=10)
label['justify']=LEFT
label['anchor'] = CENTER
label.pack()
app.mainloop()
```

代码运行结果如图 11.3 所示。

图 11.3　创建 Label 组件

11.2.4　显示图片

可以使用 PIL 模块读入图片，通过一个外部图片生成一个图像对象，设置 Label 组件的 image 属性实现图片的显示。

【例 11.4】显示图片。

```
#example11-4.py
import tkinter as tk
```

```
from PIL import ImageTk, Image
win = tk.Tk()
img = ImageTk.PhotoImage(Image.open("zhxc.jpg"))
label1 =tk.Label(win, image = img)
label1.pack()
win.mainloop()
```

代码运行结果如图 11.4 所示。

图 11.4　显示图片

11.2.5　按钮（Button）组件

Button 组件主要用于捕获鼠标单击事件，以启动预定义的处理程序。Button 组件的 command 属性用于指定响应函数。

【例 11.5】演示按钮组件。

```
#example11-5.py
#-*- coding: utf-8 -*-
import tkinter as tk
def event1():
    print("已单击确定按钮")
win = tk.Tk()
btn1 =tk.Button(win,text="确定",command=event1)
btn1.pack()
win.mainloop()
```

代码运行结果如图 11.5 所示。

图 11.5　演示按钮组件

常用组件 2

11.2.6 输入框（Entry）组件

Entry 组件用来读取用户输入的单行字符串。Entry 组件的 textvariable 属性用于绑定用户输入文本的控制变量，一般设为某个 StringVar 类型的对象，程序的其他位置就可以用控制变量的 get()方法得到用户的输入。

【例 11.6】人民币转换成英镑。

```python
#example11-6.py
import tkinter as tk
from tkinter import StringVar
def event1():
    t1=float(entry1.get())
    t1=t1/8
    print(t1)
    v.set(str(t1)+"英镑")
win = tk.Tk()
v = StringVar()
label1 =tk.Label(win, textvariable=v)
label1.pack()
entry1=tk.Entry(win)
entry1.pack()
btn1 =tk.Button(win,text="人民币转换英镑",command=event1)
btn1.pack()
win.mainloop()
```

代码运行结果如图 11.6 所示。

图 11.6　人民币转换成英镑

11.2.7 文本框（Text）组件

Text 组件用来显示和编辑多行文本。

【例 11.7】文本框插入文本。

```python
#example11-7.py
from tkinter import *
win=Tk()
def insert_text():
    var=e.get()
    t.insert("insert",var)
def end_text():
```

```
        var=e.get()
        t.insert("end",var)
e=Entry(win)
e.pack()
b1=Button(win,text="光标插入",command=insert_text)
b1.pack()
b2=Button(win,text="末尾插入",command=end_text)
b2.pack()
t=Text(win)
t.pack()
win.mainloop()
```

　　输入"123456"，单击"光标插入"按钮，运行结果如图 11.7 所示。在文本框中单击想要插入文本的位置，这里单击 3，在文本框中输入"ABC"，单击"光标插入"按钮，运行结果如图 11.8 所示。输入"一二三"，单击"末尾插入"按钮，运行结果如图 11.9 所示。

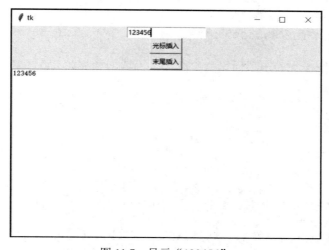

图 11.7　显示"123456"

图 11.8　单击"光标插入"按钮

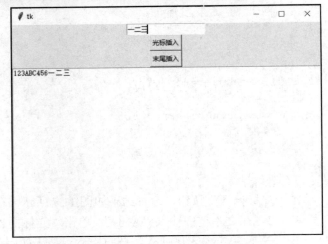

图 11.9 单击"末尾插入"按钮

11.2.8 复选框（Checkbutton）组件

Checkbutton 组件用于向用户提供一个或多个可选的选项。

【例 11.8】复选框示例。

```
#example11-8.py
from tkinter import *
win = Tk()
win.title("Checkbutton")
v1 = StringVar()
v1.set('yes')                           #设置默认值为 yes，对应选择状态
w1 = Checkbutton(win, text="音乐", variable=v1, onvalue='yes', offvalue='no')
w1.pack()
v1.get()                                #用户选择后，获取其值为 no
win.mainloop()
```

代码运行结果如图 11.10 所示。

图 11.10 复选框示例

11.2.9 单选按钮（Radiobutton）组件

Radiobutton 是单选按钮组件，用于创建单选按钮组。

【例 11.9】单选按钮组件示例。

```
#example11-9.py
from tkinter import *
win= Tk()
```

```
win.title("Radiobutton")
v = StringVar()
v.set('A')
w1 = Radiobutton(win, text="自动", value='A', variable=v)
w2 = Radiobutton(win, text="手动", value='M', variable=v)
w1.pack(side=LEFT)
w2.pack(side=LEFT)
v.get()                 #选择手动后，获取其值：M
win.mainloop()
```

代码运行结果如图 11.11 所示。

图 11.11　单选按钮组件示例的运行结果

11.2.10　列表框（Listbox）组件

Listbox 是列表框组件，主要用于较多相关项的选择。Listbox 组件将这些相关的选项包含在一个多行文本框内，每一行代表一个选项。根据需求，可以设置成单选或者多选。

【例 11.10】列表框组件示例。

```
#example11-10.py
from tkinter import *
win = Tk()
win.title("列表框")
win.geometry('300×160')
listbox1 =Listbox(win)                      #创建列表选项
listbox1.pack(pady=5)
for i,item in enumerate(["星期一","星期二","星期三","星期四","星期五"]):
#i 表示索引值，item 表示值，根据索引值的位置依次插入
    listbox1.insert(i,item)
#显示窗口
win.mainloop()
```

代码运行结果如图 11.12 所示。

图 11.12　列表框组件示例的运行结果

11.2.11　消息窗口（tkMessageBox）

消息窗口主要起到信息提示、警告、说明、询问等作用，通过使用消息窗口可以提升用户的交互体验

【例 11.11】消息窗口示例。

```
#example11-11.py
import tkinter as tk
import tkinter.messagebox as tkMessageBox
win = tk.Tk()
def tip():
    tkMessageBox.showinfo("提示", "welcome!")
Btn1 = tk.Button(win, text = "welcome", command = tip)
Btn1.pack(pady=5)
win.mainloop()
```

代码运行结果如图 11.13 所示。

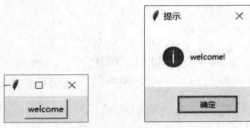

图 11.13　消息窗口示例的运行结果

11.2.12　布局管理

tkinter 使用以下 3 种方法来实现布局。

（1）pack(**options)：依照使用的先后顺序依次将组件放入窗口。pack()方法的参数 side 表示组件在容器中的位置；expand 表示组件可拉伸；fill 取值为 X、Y 或 BOTH，填充 X 或 Y 方向上的空间；anchor 表示组件在窗口中的位置。

（2）grid(**options)：将窗口按照行和列划分为纵横的二维表格，每一个单元格按行号和列号进行编号。grid()方法的参数 row 和 column 表示组件所在的行和列的位置；rowspan 和 columnspan 表示组件从所在位置起行数和列数；sticky 表示组件所在位置的对齐方式。

（3）place(**options)：在窗口中 X、Y 指定的位置加入组件。

【例 11.12】grid()布局示例。

```
#example11-12.py
import tkinter as tk
win = tk.Tk()
win.title("grid 布局")
label1 = tk.Label(win,text="用户名：")
label2 = tk.Label(win,text="密码：")
etUsername = tk.Entry(win)                          #创建输入用户名输入框
```

```
etPassword = tk.Entry(win)                              #创建密码输入框
label1.grid(row=0,column=0,padx=5,pady=5)
#label1 放在第 0 行第 0 列，上下左右都留白 5 像素
label2.grid(row=1,column=0,padx=5,pady=5)
etUsername.grid(row=0,column = 1,padx=5,pady=5)         #用户名输入框放在第 0 行第 1 列
etPassword.grid(row=1,column = 1,padx=5,pady=5)         #密码输入框放在第 1 行第 1 列
btLogin = tk.Button(win,text="登录")                    #创建按钮
btLogin.grid(row=2,column=0,columnspan=2,padx=5,pady=5)
#放在第 2 行第 0 列，跨 2 列
win.mainloop()
```

代码运行结果如图 11.14 所示。

图 11.14　grid()布局示例的运行结果

11.2.13　事件处理

事件（Event）就是程序中发生的事，如敲击键盘上的某一个键、单击鼠标等。对于事件，图形用户界面需要对其作出反应，这就是事件处理。事件处理通常使用组件的 command 属性或 bind()方法指定组件的事件响应函数来实现。单击按钮时会触发 Button 组件的 command 属性指定的函数。实际上是主窗口负责监听发生的事件，单击按钮时将触发事件，然后调用指定的函数。

11.3　项　目　分　解

随着科学技术的发展，先进科技逐步应用到乡村治理当中。"互联网+"为农民生产、生活、教育、医疗、养老等提供了内容丰富、快捷高效的数据信息服务，也为乡村振兴注入了新活力。它以信息化为手段建立数字乡村，运用网格化管理带动乡村治理与发展，为乡村居民提供了便捷的服务。智惠乡村社区网格化管理系统项目依靠互联网技术，以信息化管理的手段实现农村社区的网格化管理，这里任务 1 完成系统用户注册界面的设计，任务 2 完成系统用户登录界面的设计，任务 3 完成系统社区生活调查界面的设计，任务 4 完成系统用户留言板界面的设计。

任务 1：实现用户注册界面

本任务是设计一个包含 Label 组件、Entry 组件、Checkbutton 组件、Button 组件、消息窗口 tkMessageBox 的图形用户界面。

实现用户注册界面

【任务代码 01】编写程序实现智惠乡村社区网格化管理系统的用户注册界面。

```
#task11-01.py
import tkinter
import tkinter.messagebox
import tkinter.ttk
#创建 tkinter 应用程序
win = tkinter.Tk()
#设置窗口标题
win.title("智惠乡村用户注册")
#定义窗口大小
win.geometry('350×160')
#创建标签，然后放到窗口上
labelName=tkinter.Label(win, text='用户名：',justify=tkinter.LEFT,width=10)
labelName.grid(row=1,column=1)
#创建输入框，同时设置关联的变量
entryName = tkinter.Entry(win)
entryName.grid(row=1,column=2,pady=5)
lblPass1 = tkinter.Label(win, text='密码')                #创建 Label 组件——密码
lblPass2 = tkinter.Label(win, text='确认密码')            #创建 Label 组件——确认密码
lblPass1.grid(row=2, column=1)                            #密码标签放置 1 行 0 列
lblPass2.grid(row=3, column=1)                            #确认密码标签放置 2 行 0 列
entryPass1 = tkinter.Entry(win, show='*')                 #密码默认显示为*
entryPass2 = tkinter.Entry(win, show='*')                 #确认密码默认显示为*
entryPass1.grid(row=2, column=2)                          #密码输入框放置 1 行 1 列
entryPass2.grid(row=3, column=2)                          #确认密码输入框放置 2 行 1 列
#创建标签，然后放到窗口上
labelTelephone=tkinter.Label(win, text='联系方式：',justify=tkinter.LEFT,width=10)
labelTelephone.grid(row=4,column=1)
#创建输入框
entryTelephone = tkinter.Entry(win)
entryTelephone.grid(row=4,column=2,pady=5)
#与是否本村人关联的变量
villager = tkinter.IntVar()
villager.set(0)
#复选框，选中时变量值为 1，未选中时变量值为 0
checkvillager=tkinter.Checkbutton(win,text='是否本村人?',variable=villager,onvalue=1,offvalue=0)
checkvillager.grid(row=5,column=1,pady=5)
#添加按钮单击事件处理函数
def addInformation():
    str1 = '欢迎注册：\n'
    str1 += "您的账户为：" + entryName.get() + '\n'        #获取用户名
    str1 += "您的联系方式为：\n" + entryTelephone.get()    #获取用户联系方式
    tkinter.messagebox.showinfo("注册", str1)             #弹出消息对话框
buttonAdd= tkinter.Button(win,text='注册',width=10,command=addInformation)
buttonAdd.grid(row=5,column=2)
buttonCancel= tkinter.Button(win, text='取消',width=10,command=win.destroy)
buttonCancel.grid(row=5,column=3)
win.mainloop()
```

代码运行结果如图 11.15 所示。输入注册信息，单击"注册"按钮后，运行结果如图 11.16 所示。

图 11.15 "智惠乡村用户注册"界面　　　图 11.16 "注册"消息对话框

任务 2：实现用户登录界面

实现用户登录界面

本任务是设计一个包含 Label 组件、Entry 组件、Button 组件的图形用户界面。

【任务代码 02】编写程序实现智惠乡村社区网格化管理系统的用户登录界面。

```python
#task11-02.py
import tkinter as tk
def btLogin_click():    #登录按钮的事件响应函数，单击该按钮时被调用
    if username.get()=="admin" and password.get()=="123123":   #正确的用户名和密码
        lbtip["text"] = "登录成功!"
        lbtip["fg"] = "black"
    else:
        username.set(" ")              #将用户名输入框清空
        password.set(" ")              #将密码输入框清空
        lbtip["fg"] = "red"
        lbtip["text"] =   "用户名密码错误，请重新输入!"
win = tk.Tk()
win.title("智惠乡村用户登录")
win.geometry('270×150')
username,password = tk.StringVar(),tk.StringVar()
#两个字符串类型变量，分别用于关联用户名输入框和密码输入框
lbtip = tk.Label(win,text = "请输入用户名和密码")
lbtip.grid(row=0,column=0,columnspan=2)
lbUsername = tk.Label(win,text="用户名：")
lbUsername.grid(row=1,column=0,padx=5,pady=5)
lbPassword = tk.Label(win,text="密码：")
lbPassword.grid(row=2,column=0,padx=5,pady=5)
etUsername = tk.Entry(win,textvariable = username)
#输入框 etUsername 和变量 username 关联
etUsername.grid(row=1,column = 1,padx=5,pady=5)
etPassword = tk.Entry(win,textvariable = password,show="*")
```

```
#Entry 的属性 show="*"表示该输入框内容只显示*字符
etPassword.grid(row=2,column = 1,padx=5,pady=5)
btLogin = tk.Button(win,text="登录",command=btLogin_click)
#单击 btLogin 按钮会执行 btLogin_click()
btLogin.grid(row=4,column=0,pady=5)
btQuit = tk.Button(win,text="退出",command=win.quit)        #win.quit 关闭窗口
btQuit.grid(row=4,column=1,pady=5)
win.mainloop()
```

代码运行结果如图 11.17 所示。

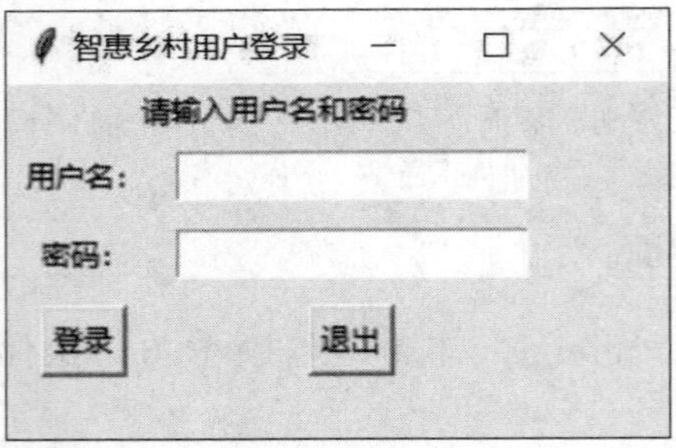

图 11.17 "智惠乡村用登录"界面

实现社区生活
调查界面

任务 3：实现社区生活调查界面

本任务是设计一个包含 Label 组件、Checkbutton 组件、Button 组件的图形用户界面。

【任务代码 03】编写程序实现智惠乡村社区网格化管理系统的社区生活调查界面。

```
#task11-03.py
from tkinter import *
win = Tk()
win.title("智惠乡村社区生活调查")
win.geometry('500×200')
win.resizable(0,0)
lb = Label(text='您对生活的社区有哪些方面比较满意',font=('微软雅黑', 18,'bold'),fg='#FF6100')
lb.pack()
CheckVar1 = IntVar()
CheckVar2 = IntVar()
CheckVar3 = IntVar()
#variable 参数接收变量
check1=Checkbutton(win,text="设施服务",font=('微软雅黑', 15,'bold'),variable= CheckVar1,onvalue=1,offvalue=0)
check2=Checkbutton(win,text="安全",font=('微软雅黑', 15,'bold'),variable= CheckVar2,onvalue=1,offvalue=0)
check3=Checkbutton(win,text="文化生活",font=('微软雅黑', 15,'bold'),variable= CheckVar3,onvalue=1,offvalue=0)
#选择第一个为默认选项
#check1.select ()
check1.pack (side = LEFT)
check2.pack (side = LEFT)
```

```
check3.pack (side = LEFT)
#定义执行函数
def study():
        if (CheckVar1.get() == 0 and CheckVar2.get() == 0 and CheckVar3.get() == 0):
                s = '您没有选择哦'
        else:
                s1 = "设施服务" if CheckVar1.get() == 1 else ""
                s2 = "安全" if CheckVar2.get() == 1 else ""
                s3 = "文化生活" if CheckVar3.get() == 1 else ""
                s = "您选择了%s %s %s" % (s1, s2, s3)
    #设置标签 lb2 的文字
        lb2.config(text=s)
btn = Button(win,text="提交",bg='#BEBEBE',command=study)
btn.pack(side = LEFT)
#显示选择的文本
lb2 = Label(win,text='',bg='#7CFC00',font=('微软雅黑', 8,'bold'),width =15,height=3)
lb2.pack(side = BOTTOM, fill = X)
win.mainloop()
```

代码运行结果如图 11.18 所示。

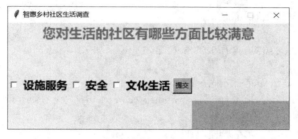

图 11.18 "智惠乡村社区生活调查"界面

任务 4：实现用户留言板界面

实现用户留言板界面

本任务是设计一个包含 Label 组件、Entry 组件、Text 组件、Button 组件和 Listbox 组件的图形用户界面。

【任务代码 04】编写程序实现智惠乡村社区网格化管理系统的用户留言板界面。

```
#task11-04.py
import tkinter
import tkinter.messagebox
import tkinter.ttk
#创建 tkinter 应用程序
win = tkinter.Tk()
#设置窗口标题
win.title("智惠乡村系统用户留言板")
#定义窗口大小
win.geometry('510×360')
#创建标签，然后放到窗口上
```

```
labelName=tkinter.Label(win, text='姓名：',justify=tkinter.LEFT,width=10,font=('微软雅黑', 18,'bold'),fg='#FF6100')
labelName.grid(row=1,column=1)
#创建输入框
entryName = tkinter.Entry(win, width=18,font=('微软雅黑', 18,'bold'))
entryName.grid(row=1,column=2,pady=5)
#创建标签，然后放到窗口上
labelContent=tkinter.Label(win, text='内容：',justify=tkinter.LEFT,width=10,font=('微软雅黑', 18,'bold'),fg='#FF6100')
labelContent.grid(row=2,column=1)
#创建文本框
textContent = tkinter.Text(win, width=40, height=5)    #创建 Text 组件
textContent.grid(row=2,column=2,pady=5)
#添加发布按钮单击事件处理函数
def addInformation():
    result=' 姓名：'+ entryName.get()
    result = result+'; 内容：'+ textContent.get(0.0, tkinter.END)
    listboxStudents.insert(0, result)
buttonAdd= tkinter.Button(win,text='发布',width=10,command=addInformation)
buttonAdd.grid(row=3,column=1)
#删除按钮的事件处理函数
def deleteSelection():
    selection = listboxStudents.curselection()
    if not selection:
        tkinter.messagebox.showinfo(title='Information', message='No Selection')
    else:
            listboxStudents.delete(selection)
buttonDelete= tkinter.Button(win, text='删除',width=10,command=deleteSelection)
buttonDelete.grid(row=3,column=2)
#创建列表框组件
listboxStudents = tkinter.Listbox(win, width=70)
listboxStudents.grid(row=4,column=1,columnspan=4,padx=5)
win.mainloop()
```

代码运行结果如图 11.19 所示。

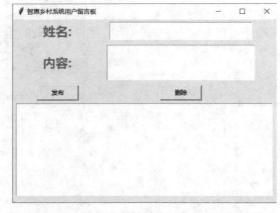

图 11.19 "智惠乡村系统用户留言板"界面

11.4　项 目 总 结

本项目首先介绍了图形用户界面（GUI）应用程序和标准库 tkinter；其次介绍了 tkinter 库所包含的 Label、Button、Entry、Text、Checkbutton、Radiobutton 等常用组件的功能、属性设置和方法调用；然后介绍了布局管理和事件管理；最后通过 4 个任务的上机实践让读者理解和掌握 Python 中如何使用标准库 tkinter 开发图形用户界面应用程序。

11.5　习　　　题

一、填空题

1．处理多行文本的组件是_____。
2．窗口对象的 mainloop()方法的作用是_____。
3．Checkbutton 组件用于创建_____；Radiobutton 组件用于创建_____。
4．pack()方法布局的特点是_____。

二、编程题

1．模拟任务 1 注册界面设计学生管理系统的"学生注册"界面，包含姓名、联系方式、是否住校和是否通过计算机二级等级考试，包含"注册"和"取消"按钮。

2．模拟任务 3 的调查界面设计学生管理系统的"学生掌握的计算机技术调查"界面，实现一个包含 Label 组件、Checkbutton 组件、Button 组件等的图形用户界面。

项目 12　数据库编程

 学习目标

- 理解和掌握数据库的基本概念。
- 理解和掌握数据库的安装和配置。
- 理解和掌握结构化查询语言（SQL）。
- 理解和掌握 Python 数据库编程。

育人目标

- 培养学生精益求精的工匠精神，学会利用所学工具提高工作效率。
- 培养学生的动手实践能力，养成劳动创造价值的世界观。
- 培养学生数据安全规范管理的能力，提高其网络数据安全意识。

12.1　项目引导

数据库历史悠久，早在 1950 年就诞生了。如同计算机的出现一样，它也是在战争中演化出来的，最早被美国用于在战争中保存情报资料。随后阿波罗登月计划推动了数据库技术的民用化，并不断发展至今。"Database"一词最早是由美国系统发展公司在 20 世纪 60 年代为美国海军研制数据时提出的，目前数据库的发展经历了人工管理阶段、文件系统阶段、数据库阶段和高级数据库阶段。

那么为什么要用到数据库呢？数据是对物理世界的记录，是物理世界的事物在数字世界的映射。通过各种设备及系统形成的数据，如同物理世界的土地，蕴藏着"石油""铜矿""黄金"等各类数字世界所需的生产资源。因此，为了处理大量结构化的数据，提高数据处理效率，就需要用到数据库了。数据库其实就是一种电子的仓库，是专门储存数据和管理数据的一个处所，用户可以对数据库中的数据进行新增、更新或者删除等操作。例如，现在每个人都有很多朋友和同学，为了方便联系，我们在通讯录中建立他们的姓名和电话，这个通讯录就是数据库，有时候我们会修改某个电话号码，这个过程就是修改数据库中的数据。

数据库主要有两种类型，分别是关系型数据库与非关系型数据库。关系型数据库是一个结构化的数据库，创建在关系模型（二维表格模型）基础上，一般面向于记录。主流的关系型数据库包括 Oracle、MySQL、SQL Server、Microsoft Access、DB2 等。非关系型数据库简称 NoSQL，是基于"键值对"的对应关系，并且不需要经过 SQL 层的解析，所以性能非常高。主流的 NoSQL 数据库有 Redis、MongBD、Hbase、CouhDB 等，但是不适合用在多表联合查询和一些较复杂的查询中。目前，市场上流行的几种大型数据库都是关系型数据库。

正是由于 Python 支持数据库的连接和操作这一特性，使其成为了软件开发人员最喜欢的语言之一。那么我们选择哪一个数据库进行学习呢？很显然是 MySQL，因为 MySQL 使用率高，更容易上手。因此本项目重点介绍 Python 操作 MySQL 数据库，而 Python 自带的关系型数据库 SQLite 由于数据承载能力和并发访问能力较差，故这里不做介绍。

12.2　技 术 准 备

数据库概述

12.2.1　数据库概述

数据库（DateBase，DB）是按照数据结构来组织、存储和管理数据的仓库，是一个长期存储在计算机内的，有组织、可共享、统一管理的大量数据的集合。数据库的基本特点是数据非结构化、数据独立性、数据冗余小、易扩充、统一管理和控制。数据库采用复杂的数据模型来表示数据结构；使用数据库管理系统对数据库进行统一管理和控制，可保证数据库的安全性和完整性。

数据库系统（DataBase System，DBS）是由数据库及其管理软件组成的系统，主要包括数据库、数据库管理系统、相关软/硬件环境和数据库用户。其中，数据库管理系统是数据库系统的核心。

数据库管理系统（DateBase Management System，DBMS）是实现对数据库资源有效组织、管理和存取的系统软件。其主要功能包括数据库的建立和维护功能、数据定义功能、数据操纵功能、数据库的运行管理功能、通信功能等。

目前的主流数据库产品见表 12.1。

表 12.1　主流数据库产品

名称	特点
SQL Server（微软公司产品）	面向 Windows 操作系统简单、易用
Oracle（甲骨文公司产品）	面向所有主流平台，安全、完善、操作复杂
DB2（IBM 公司产品）	面向所有主流平台，大型、安全、完善
MySQL（甲骨文公司收购）	免费、开源、体积小

12.2.2　关系型数据库

前文已经提到，数据库主要分为关系型数据库与非关系型数据库。目前，市场上流行的几种大型数据库，如 Oracle、DB2、Sybase、SQL Server 等都是关系型数据库。关系型数据库是指采用了关系模型来组织数据的数据库，最大特点就是事务的一致性。简单来说，关系模型指的就是二维表格模型，而一个关系型数据库就是由二维表及其之间的联系所组成的一个数据组织。

下面介绍关系模型和实体间联系的类型。

1. 关 系 模 型

关系模型是把数据库表示为关系的集合，以二维表格形式呈现数据的组织形式。关系模型中的常用概念如下。

（1）关系（表文件）。在用户看来，一个关系模型的逻辑结构是一张二维表，由行和列组成，这个二维表称为关系。通俗地说，一个关系对应一张表。

（2）元组（记录）。表中的一行即为一个元组，或称一条记录。

（3）属性（字段）。数据表中的每一列称为一个字段，表是由其包含的各种字段定义的，每个字段描述了它所具有的数据意义，数据表的设计实际上就是对字段的设计。创建数据表时，为每个字段分配一个数据类型，定义它们的数据长度和其他属性。字段可以包含各种字符、数字甚至图形。

（4）属性值。行和列的交叉位置表示某个属性值，如"Python 程序设计"就是课程名称的属性值。

（5）关键字。关键字用来确保表中记录的唯一性，可以是一个字段或多个字段，常用作一张表的索引字段。每条记录的关键字都是不同的，因而可以唯一地标识一个记录，关键字也称主关键字，或简称主键。

（6）域。域是属性的取值范围。

（7）关系模式。关系的描述称为关系模式。对关系的描述一般表示如下：关系名（属性 1，属性 2，…，属性 n）。例如，课程（课程号，课程名称，学分，任课老师）。

2. 实体间联系的类型

实体间的对应关系称为实体间的联系，它反应了现实世界中事物之间的关联关系。实体之间有各种各样的联系，归纳起来有以下 3 种类型。

（1）一对一（1:1）：表示一个实体中的一种情况只与另一个实体中的一种情况有关系。例如，学生与学生证，一名学生只对应一张学生证，一张学生证只对应一名学生。

（2）一对多（1:N）：表示一个实体中的一种情况与另一个实体中的多种情况有关系。例如，班级与学生，一个班级可有多名学生，而一名学生只能属于某一个班级。

（3）多对多（M:N）：表示一个实体中的一种情况与另一个实体中的多种情况有关系，而第二个实体中的一种情况也与第一个实体中的多种情况有关系。例如，教师与学生，一名学生有多名教师为其上课，一名教师要为多名学生上课。

以上所描述的 3 种关系如图 12.1 所示。

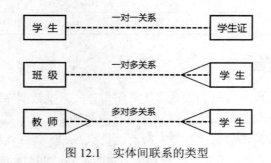

图 12.1　实体间联系的类型

12.2.3　关系型数据库语言 SQL

SQL 是结构化查询语言（Structured Query Language）的简称，是一种数据库查询和程序设计语言，用于存取数据以及查询、更新和管理关系型数据库系统，其功能涵盖数据定义、数据操纵、数据控制等数据管理的主要需求。SQL

关系型数据库
语言 SQL

完成核心功能只需要 9 个命令，详见表 12.2。

表 12.2　SQL 功能与其对应的命令

SQL 功能	命令
数据查询	SELECT
数据定义	CREATE、DROP、ALTER
数据操纵	INSERT、UPDATE、DELETE
数据控制	GRANT、REVOKE

结构化查询语言的含义如下。

（1）结构化：指一种思想，意指自顶向下、逐步分解、模块化。

（2）查询：SQL 称为"查询"语言，只是因为它的查询功能强大，但是其功能绝不限于查询，还包含数据定义、数据操纵、数据控制。

（3）语言：这里所说的语言特指数据库操作语言，不是程序设计语言，但是它具备程序设计语言高度非过程化的特点。

12.2.4　Python DB-API 规范

无论是关系型数据库还是非关系型数据库，其内在的数据库管理系统都有一套不同的操作模式。在早期的 Python 版本中，每一种数据库管理系统都有自己的 Python 模块，这些模块均以不同方式工作，并提供不同函数。因此，如果在 Python 程序中采用某种关系型数据库管理系统，那么当需要更换另一种关系型数据库管理系统时工作量会很大，这不利于程序的维护。

Python DB-API 的出现就是为了解决这样的问题。Python 所有的数据库接口程序都在一定程度上遵守 Python DB-API 规范。该规范定义了一系列必需的对象和数据库存取方式，以便为各种各样的底层数据库系统和多种多样的数据库接口程序提供一致的访问接口。由于 Python DB-API 为不同的数据库提供了一致的访问接口，因此在不同的数据库之间移植代码成为一件轻松的事情。该规范由 Python 官方制定，包括全局变量、连接、游标、数据类型和异常等内容。下面我们对其进行逐一介绍。

1. 全局变量

为保证系统兼容性，Python DB-API 规范确定了数据库接口模块的一些全局属性，Python 提供了 connection 对象构想函数和 3 个描述数据库的全局变量，详见表 12.3。

表 12.3　Python DB-API 描述数据库的全局变量

类别	变量名	描述
方法	connect()	连接函数，同时也是 connection 对象构想函数
全局变量	apilevel	所使用的 Python DB-API 的版本
	threadsafety	模块的线程安全等级
	paramstyle	在 SQL 查询中使用的参数风格

其中全局变量的含义如下。

（1）apilevel 为字符串常量，表示该 DB-API 所兼容的 DB-API 最高版本号。例如，若版本号是 1.0、2.0，则最高版本号是 2.0，如果未定义，则默认为 1.0。

（2）threadsafety 为整形常量，表示该 DB-API 所支持的线程安全级别，其可能取值范围如下。

0：表示不支持线程安全，多个线程不能共享此模块。

1：表示支持初级线程安全，线程可以共享模块，但不能共享连接。

2：表示支持中级线程安全，线程可以共享模块和连接，但不能共享游标。

3：表示完全线程安全支持，线程可以共享、连接及游标。

（3）paramstyle 为字符串常量，表示执行多次类似查询时，参数如何被拼接到 SQL 查询中，其取值代表的含义见表 12.4。

表 12.4　paramstyle 取值含义

参数取值	含义
format	表示标准字符串格式化，如 WHERE name=%s
pyformt	表示扩展的格式代码，如 WHERE name=%(name)s
qmark	表示使用问号，如 WHERE name=?
numeric	表示使用 ":1" 或 ":2" 格式的字段，如 WHERE name=:1
named	表示命名的参数风格，如 WHERE name=:name

2. 连接

为了使用数据库，首先就要做到连接数据库。连接数据库时将用到 connect()函数并返回一个 connection 对象。Python DB-API 定义了 5 个参数用来建立与数据库的连接，见表 12.5。

表 12.5　connect()函数常用参数

参数名	含义
dsn	数据源，给出该参数表示数据库依赖
user	用户名
password	用户密码
host	数据库主机名
database	数据库名

connection 对象作为数据库与应用程序的数据沟通桥梁，具有向服务器发送命令并从服务器接收数据的功能。为实现管理，connection 对象提供多种方法，详见表 12.6。

表 12.6　connection 对象方法

方法名	描述
close()	马上关闭数据连接，再次访问本连接对象和它的游标将触发错误
commit()	提交任何挂起的事物到数据库
rollback()	进行回滚操作，默认是回滚到事务的开始状态
cursor()	返回连接的游标对象

3. 游标

游标对象 cursor 实现了数据库连接建立后程序与数据库的交互。一个 cursor 游标对象表示一个数据库游标，游标暂时保存了 SQL 操作所影响到的数据。cursor 游标对象的常见方法和属性见表 12.7。

表 12.7　cursor 游标对象的常见方法和属性

类别	名称	描述
方法	callproc(func[,args])	使用给定的名称和参数（可选）调用已命名的数据库程序
	close()	关闭游标后，游标不可用
	execute(op,[args])	执行 SQL 操作，可能使用参数
	executemany(op,args)	对序列中的每个参数执行 SQL 操作
	fetchone()	把查询结果集中的下一行保存为序列或 None
	fetchmany()	获取查询结果集中的多行，默认尺寸为 arraysize
	fetchall()	将所有（剩余）行作为结果序列
	nextset()	调至下一个可用的结果集（可选）
	setinputsizes(sizes)	为差数预选定义内存区域
	setoutputsize(size,[,col])	为获取数据值设定缓冲区尺寸
属性	arraysize	fetchmany 中返回的行数，只读
	description	结果列描述的序列，只读
	rowcount	结果中的行数，只读

4. 数据类型

每一个插入数据库中的数据都有相应的数据类型，每一列数据对应同一个数据类型，不同列对应不同的数据类型。Python DB-API 定义了特殊类型和值的构造函数以及常量，用以与基础 SQL 数据库进行数据交互。Python DB-API 构造函数和特殊值见表 12.8，其中 utc 是通用时间，即世界标准时间。

表 12.8　Python DB-API 构造函数和特殊值

类别	名称	描述
构造函数	Date(yr,mo,dy)	日期值对象
	Time(hr,min,sec)	时间值对象
	Timestamp(yr,mo,dy,hr,min,sec)	时间戳对象
	DateFromTicks(ticks)	创建自 1970-01-01 00:00:01utc 以来秒数的对象
	TimeFromTicks(ticks)	创建自 1970-01-01 00:00:01utc 以来秒数的时间值对象
	TimestampFromTicks(ticks)	创建自 1970-01-01 00:00:01utc 以来秒数的时间戳值对象
	Binary(string)	对应二进制长字符串值对象
特殊值	STRING	描述字符串列对象，如 VARCHAR
	BINARY	描述二进制长列对象，如 RAW、BLOB
	NUMBER	描述数字列对象
	DATETIME	描述日期时间列对象
	ROWID	描述 row ID 列对象

5. 异常

为了准确定位数据处理中出现的错误，Python DB-API 还定义了一些异常来对错误情况进行描述，详见表 12.9。

表 12.9　Python DB-API 常见异常

异常	超类	描述
StandardError		所有异常的泛型基类
Warning	StandardError	在非致命错误发生时引发
Error	StandardError	错误异常基类
InterfaceError	Error	数据库接口错误
DatabaseError	Error	与数据库相关的错误基类
DataError	DatabaseError	处理数据时出错
OperationalError	DatabaseError	数据库执行命令时出错
IntegrityError	DatabaseError	数据完整性出错
InternalError	DatabaseError	数据库内部出错
ProgrammingError	DatabaseError	SQL 执行失败
NotSupportedError	DatabaseError	试图执行数据库不支持的特性

12.2.5　数据库编程的一般过程

通过 Python DB-API 进行数据库编程时，虽然不同的数据库管理系统的 DB-API 模块不同，但编程的一般流程是一致的，包括：①导入 DB-API 模块；②建立数据库连接；③创建游标对象；④执行 SQL 操作；⑤回滚数据库事务；⑥关闭游标；⑦关闭数据连接，具体如图 12.2 所示。

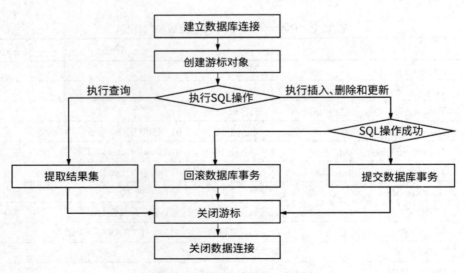

图 12.2　数据库编程的一般过程

12.3　项目分解

前面我们介绍了数据库的相关知识，也了解了 Python 对数据库的相关操作流程。接下来从数据库的安装、连接开始，通过一个案例介绍如何通过 Python DB-API 实现 Python 对数据库表中数据进行数据插入（Create）、数据删除（Delete）、数据更新（Update）和数据查询（Read）（也就是数据库最常见的"增、删、改、查"）操作。

任务 1：数据库的安装与配置

数据库的安装与配置

MySQL 是目前最为流行的开放源码的数据库，是完全网络化的跨平台的关系型数据库系统。它是由瑞典 MySQLAB 公司开发，目前属于 Oracle 公司的产品。任何人都能从 Internet 下载 MySQL 软件，而无须支付费用，并且"开放源码"意味着任何人都可以使用和修改该软件。

1. 下载 MySQL

目前 Oracle 公司提供了多个 MySQL 版本，其中社区版本（MySQL Community Edition）是免费的，社区版本的下载地址为 https://dev.mysql.com/downloads/。MySQL 可在 Windows、Linux 和 UNIX 等操作系统上安装和运行，本书选择的是 Windows 操作系统中的 mysql-installer-community-8.0.31.0.msi 安装文件，如图 12.3 所示。

图 12.3　下载 MySQL

2. 安装 MySQL

（1）选择安装类型。双击运行 mysql-installer-community-8.0.30.0.msi，这里选择自定义安装，所以直接选择 Custom 选项，单击 Next 按钮，如图 12.4 所示。其中 Developer Default 选项是开发者默认；Server only 选项是仅作为服务器安装；Client only 选项是仅作为客户端安装；

Full 选项是完整安装。

（2）选择安装的产品和功能。依次展开 Available Products 列表框中的 MySQL Servers、MySQL Servers、MySQL Servers 8.0、MySQL Server 8.0.31-X64，然后单击向右的绿色箭头，将选中的版本移到右边的列表框中，如图 12.5 所示。

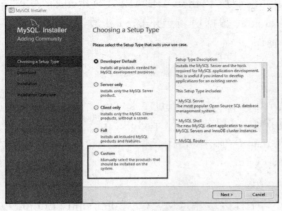

图 12.4 选择 MySQL 安装类型

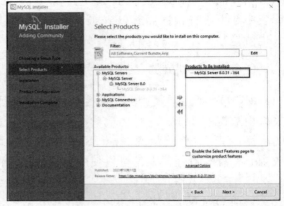

图 12.5 选择 MySQL 安装的产品和功能

（3）先选中 MySQL Server 8.0.31-X64，之后单击下方的 Advanced Options 链接，自定义安装路径和数据存放路径，更改完成之后单击 OK 按钮，如图 12.6 所示。

（4）然后单击 Next 按钮，如图 12.7 所示。

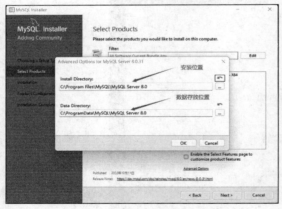

图 12.6 选择 MySQL 安装路径

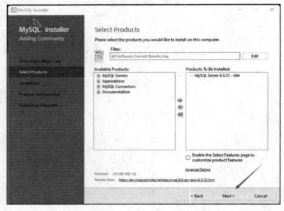

图 12.7 进入 MySQL 安装

（5）直接单击 Execute 按钮，如图 12.8 所示。

（6）出现图 12.9 框中的图标就说明安装成功了，此时单击 Next 按钮。

（7）单击 Next 按钮，完成 MySQL 的产品配置，如图 12.10 所示。

（8）选择安装模式。Development Computer 适合个人开发学习使用；Server Computer 主要用于 FTP、Email、Web 服务器等；Dedicated Computer 只用于 MySQL 服务器。我们这里选择的是 Development Computer，如图 12.11 所示。

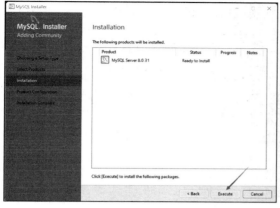

图 12.8 执行 MySQL 安装

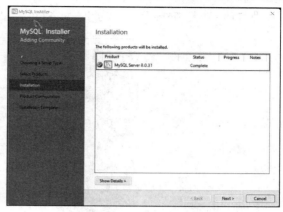

图 12.9 MySQL 安装成功

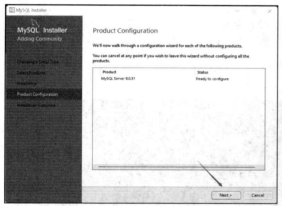

图 12.10 配置 MySQL 产品

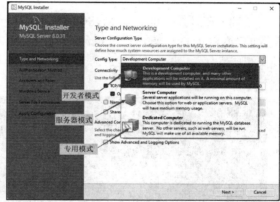

图 12.11 选择 MySQL 安装模式

（9）设置 MySQL 密码。分别在 MySQL Root Password 和 Pepeat Password 文本框中输入密码，如图 12.12 所示。

（10）单击 Execute 按钮，开始应用 MySQL 模式，如图 12.13 所示。

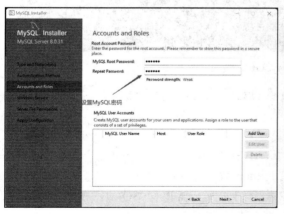

图 12.12 设置 MySQL 密码

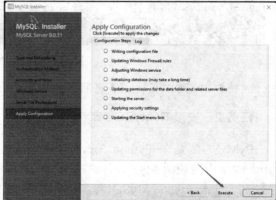

图 12.13 应用 MySQL 模式

（11）单击 Finish 按钮，此时 MySQL 模式应用成功，如图 12.14 所示。

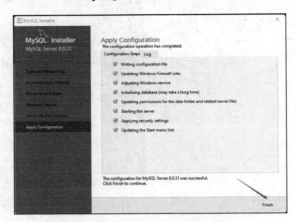

图 12.14　MySQL 模式应用成功

（12）在开始界面搜索 MySQL，单击第一个 MySQL 8.0 Command Line Client，输入刚才设置的 MySQL 的密码，按 Enter 键（回车键），若出现图 12.15 所示的界面则说明 MySQL 已经安装成功了。

图 12.15　验证 MySQL 安装成功

（13）MySQL 安装完成之后要进行环境变量的配置，这里不再赘述。

任务 2：安装 PyMySQL 库

安装 PyMySQL 库

PyMySQL 是在 Python 3.x 版本中用于连接 MySQL 服务器的一个库，Python 2.x 中则使用 MySQLdb。PyMySQL 遵循 Python 数据库 API v2.0 规范，并包含了 pure-Python MySQL 客户端库。任务 2 将介绍如何安装 PyMySQL 库。Python 默认安装时会自动安装 pip 工具，通过 pip 工具可以快速安装 PyMySQL 库。

在 Python 3.x 的环境中直接使用以下命令即可。

【任务代码 01】在 Windows 操作系统中安装 PyMySQL 库运行结果如图 12.16 所示。

```
pip install pymsql
```

或者

```
pip3 install pymysql
```

安装完成后可使用以下命令查看：

```
pip list | grep PyMySQL        #注意大小写
```

图 12.16　用 pip 工具安装 PyMySQL 库

任务 3：数据库操作——创建数据库

【任务代码 02】通过创建一个表名为 EMPLOYEE 的示例数据库 TEST，来为后期数据库的操作做准备。

创建数据库

```python
import pymysql

def create_table():
    db = pymysql.connect("localhost", "root", "root", "test")
    #使用 cursor() 方法创建一个游标对象 cursor
    cursor = db.cursor()

    #使用 execute() 方法执行 SQL 查询，如果表存在则删除
    cursor.execute("DROP TABLE IF EXISTS EMPLOYEE")
    #使用预处理语句创建表
    sql = """CREATE TABLE EMPLOYEE (
        FIRST_NAME    CHAR(20) NOT NULL,
        LAST_NAME    CHAR(20),
        AGE INT,
        SEX CHAR(1),
        INCOME FLOAT,
        CREATE_TIME DATETIME)"""
    try:
        cursor.execute(sql)
        print("CREATE TABLE SUCCESS.")
    except Exception as ex:
        print(f"CREATE TABLE FAILED,CASE:{ex}")
    finally:
        #关闭数据库连接
        db.close()
```

```
def main():
    create_table()

if __name__ == "__main__":
    main()
```

创建后的表 EMPLOYEE 如图 12.17 所示。

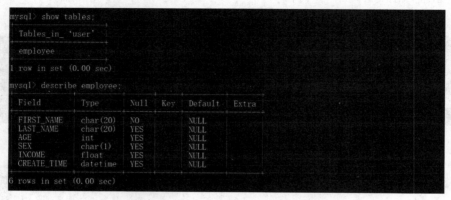

图 12.17　创建后的表 EMPLOYEE

任务 4：数据库操作——数据库连接

数据库连接

【任务代码 03】连接 MySQL TEST 数据库。

```
import pymysql

def db_connect():
    #打开数据库连接
    db = pymysql.connect("localhost", "root", "root", "test")
    #使用 cursor()方法创建一个游标对象 cursor
    cursor = db.cursor()
    #使用 execute()方法执行 SQL 查询
    cursor.execute("SELECT VERSION()")
    #使用  fetchone() 方法获取单条数据
    data = cursor.fetchone()
    print(f"Database version : {data[0]} ")
    #关闭数据库连接
    db.close()

def main():
    db_connect()

if __name__ == "__main__":
    main()
```

按下回车键后，得到如下格式的返回值即说明数据库连接成功，这里返回的是一个游标
实例对象。

<pymysql.cursors.Cursor object at 0x000001F4D2765488>

任务 5：数据库操作——数据库插入

数据库插入

【任务代码 04】 使用 INSERT 语句向表 EMPLOYEE 插入记录。

```python
import pymysql
import datetime

def insert_record():
    db = pymysql.connect("localhost", "root", "root", "test")
    #使用 cursor()方法获取操作游标
    cursor = db.cursor()
    #SQL 插入语句
    sql = "INSERT INTO EMPLOYEE(FIRST_NAME,LAST_NAME, AGE, SEX, INCOME," \
        " CREATE_TIME) VALUES('{}', '{}', {}, '{}', {}, '{}')".\
        format('xiao', 'zhi', 22, 'M', 30000, datetime.datetime.now())
    try:
        #执行 SQL 语句
        cursor.execute(sql)
        #提交到数据库执行
        db.commit()
        print("INSERT SUCCESS.")
    except Exception as ex:
        print(f'INSERT INTO MySQL table failed.Case:{ex}')
        #如果发生错误就回滚
        db.rollback()
    finally:
        #关闭数据库连接
        db.close()

def main():
    insert_record()

if __name__ == "__main__":
    main()
```

代码运行结果：

INSERT SUCCESS

可从 MySQL 客户端输入命令"select * form employee;"查看表的插入效果。

任务 6：数据库操作——数据库查询

数据库查询

【任务代码 05】 查询表 EMPLOYEE 中 INCOME（工资）字段值大于 8000 的所有数据。

Python 查询 MySQL 使用 fetchone()方法获取单条数据，使用 fetchall()方法获取多条数据。

```python
import pymysql
def query_data():
```

```
        #打开数据库连接
        db = pymysql.connect("localhost", "root", "root", "test")
        #使用 cursor()方法获取操作游标
        cursor = db.cursor()
        #SQL 查询语句
        income =8000
        sql = f"SELECT * FROM EMPLOYEE WHERE INCOME > {income}"
        try:
            #执行 SQL 语句
            cursor.execute(sql)
            #获取所有记录列表
            results = cursor.fetchall()
            for row in results:
                first_name = row[0]
                last_name = row[1]
                age = row[2]
                sex = row[3]
                income = row[4]
                create_time = row[5]
                #输出结果
                print(f"{first_name=},{last_name=},{age=},{sex=},{income=},{create_time=}")
        except Exception as ex:
            print(f"Error: unable to fecth data.Error info:{ex}")
        finally:
            #关闭数据库连接
            db.close()


def main():
    query_data()
if __name__ == "__main__":
    main()
```

代码运行结果：

first_name=xiao,last_name=zhi,age=22,sex=M,income=30000

任务 7：数据库操作——数据库更新

数据库更新

【任务代码 06】将表 EMPLOYEE 中 SEX 字段值为 "M" 的记录的 AGE 字段值增加 2。

```
import pymysql


def update_table():
    #打开数据库连接
    db = pymysql.connect("localhost", "root", "root", "test")
    #使用 cursor()方法获取操作游标
    cursor = db.cursor()
    #SQL 更新语句
```

```
        sex = 'M'
        sql = f"UPDATE EMPLOYEE SET AGE = AGE + 2 WHERE SEX = '{sex}'"
        try:
            #执行 SQL 语句
            cursor.execute(sql)
            #提交到数据库执行
            db.commit()
            print("UPDATE SUCCESS.")
        except Exception as ex:
            print(f'UPDATE MySQL table failed.Case:{ex}')
            #发生错误时回滚
            db.rollback()
        finally:
            #关闭数据库连接
            db.close()


def main():
    update_table()


if __name__ == "__main__":
    main()
```

然后查询该数据表观察 AGE 值的更新情况，查询结果如图 12.18 所示。

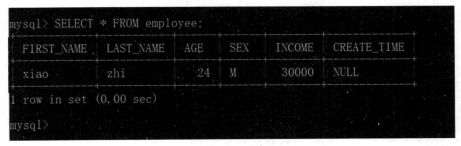

图 12.18　数据库更新后的查询结果

任务 8：数据库操作——数据库删除

数据库删除

【任务代码 07】删除表 EMPLOYEE 中 AGE 字段值大于 20 的所有数据。

```
import pymysql


def delete_record():
    #打开数据库连接
    db = pymysql.connect("localhost", "root", "root", "test")
    #使用 cursor()方法获取操作游标
    cursor = db.cursor()
    #SQL 删除语句
    sql = "DELETE FROM EMPLOYEE WHERE AGE > {}".format(20)
    try:
        #执行 SQL 语句
```

```
        cursor.execute(sql)
        #提交修改
        db.commit()
        print("DELETE SUCCESS.")
    except Exception as ex:
        print(f"DELETE RECORD FAILED.Case:{ex}")
        #发生错误时回滚
        db.rollback()
    finally:
        #关闭连接
        db.close()


def main():
    delete_record()


if __name__ == "__main__":
    main()
```

然后查询数据表可以看到数据库已经为空，如图 12.19 所示。

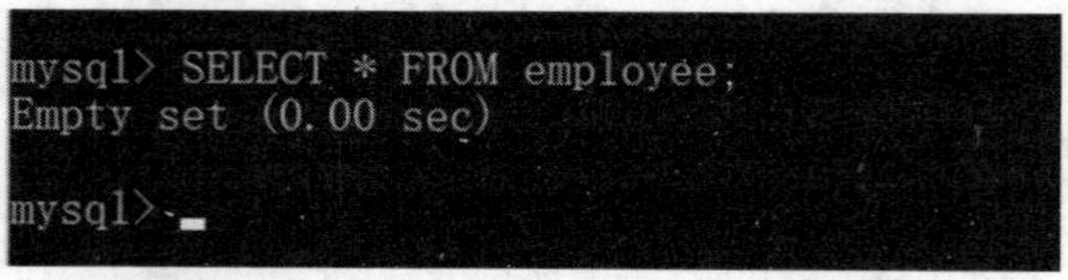

```
mysql> SELECT * FROM employee;
Empty set (0.00 sec)

mysql>
```

图 12.19　数据库删除后的查询结果

12.4　项 目 总 结

本项目首先介绍了数据库的基础知识；其次介绍了 Python DB-API 规范；然后简要介绍了数据库编程的一般过程；最后通过 8 个任务的上机实践使读者熟练掌握了通过 Python DB-API 实现 Python 对数据库中数据的"增、删、改、查"操作。

12.5　习　　题

一、选择题

1. 遵循 Python DB-API 访问关系库时，创建 cursor 对象应使用 connection 对象的（　　）方法。

A．execute()　　　　B．cursor()　　　　C．commit()　　　D．close()

2. 遵循 Python DB-API 访问关系库时，执行多条 SQL 语句应使用 cursor 对象的（　　）方法。

A．fetchall()　　　　B．execute ()　　　C．close()　　　　D．executemany()

3. 使用 PyMySQL 模块访问 MySQL 数据库时，提交当前事务的方法是（　　）。

A．commit()　　　　B．rollback ()　　　C．fetchone()　　　D．connect()

4．语句"delete from a where 身高>180"的功能是（　　　）。

　　A．从 a 表中删除身高大于 180 的记录

　　B．从 a 表中删除身高大于 180 的首条记录

　　C．删除 a 表

　　D．删除 a 表的身高列

5．语句"update salary set 薪水=薪水+1000"的功能是（　　　）。

　　A．将 salary 表中所有记录的薪水变为 1000

　　B．将 salary 表中所有记录的薪水增加 1000

　　C．将 salary 表中当前记录的薪水增加 1000

　　D．将 salary 表中当前记录的薪水变为 1000

二、编程题

1．创建一个新的数据库，通过 PyMySQL 连接该数据库。

2．使用 PyMySQL 在自定义的数据库 testdb 中创建一张工作表 user。

参 考 文 献

[1] 王国辉,李磊,冯春龙. Python 从入门到项目实践[M]. 长春:吉林大学出版社,2018.

[2] 黑马程序员. Python 快速编程入门[M]. 北京:人民邮电出版社,2017.

[3] 唐永华,刘德山,李玲. Python 3 程序设计[M]. 北京:人民邮电出版社,2019.

[4] 刘宇宙,刘艳. Python 3.8 从零开始学[M]. 北京:清华大学出版社,2020.

[5] 关东升. Python 从小白到大牛[M]. 北京:清华大学出版社,2018.

[6] 蔡永铭. Python 程序设计基础[M]. 北京:人民邮电出版社,2019.

[7] 刘宇宙,刘艳. Python 实战之数据库应用和数据获取[M]. 北京:电子工业出版社,2020.

[8] 王雷春. Python 程序设计从基础入门到实战应用[M]. 北京:电子工业出版社,2019.

[9] 林子雨,赵江声,陶继平. Python 程序设计基础教程[M]. 北京:人民邮电出版社,2022.

[10] 刘德山,杨洪伟,崔晓松. Python 3 程序设计[M]. 2 版. 北京:人民邮电出版社,2022.

[11] 孔祥盛. Python 实战教程[M]. 2 版. 北京:人民邮电出版社,2022.